Petra Krivy | Udo Gansloßer

MEIN HUND HAT Angst

Skepsis, Unsicherheit und Furcht verstehen und meistern

Müller Rüschlikon

Impressum

Einbandgestaltung: R2 I Ravenstein, Verden
Titelfoto: Jörg Sprenger

Bildnachweis: siehe S. 158

Aus Gründen der besseren Lesbarkeit verzichten wir auf die gleichzeitige Verwendung der Sprachformen männlich, weiblich und divers. Das bitten wir ausdrücklich nicht als Mangel an Respekt zu verstehen. Sämtliche Personenbezeichnungen gelten gleichermaßen für alle Identitäten.

ISBN 978-3-275-02309-7

Postfach 103743, 70032 Stuttgart
Ein Unternehmen der Paul Pietsch Verlage GmbH & Co. KG

1. Auflage 2024

Sie finden uns im Internet unter www.mueller-rueschlikon-verlag.de

Gesamtleitung: Claudia König
Innengestaltung: Monna Wilke, tebitron gmbh, Gerlingen
Druck und Bindung: Graspo CZ, 76302 Zlin
Printed in Czech Republic

Inhalt

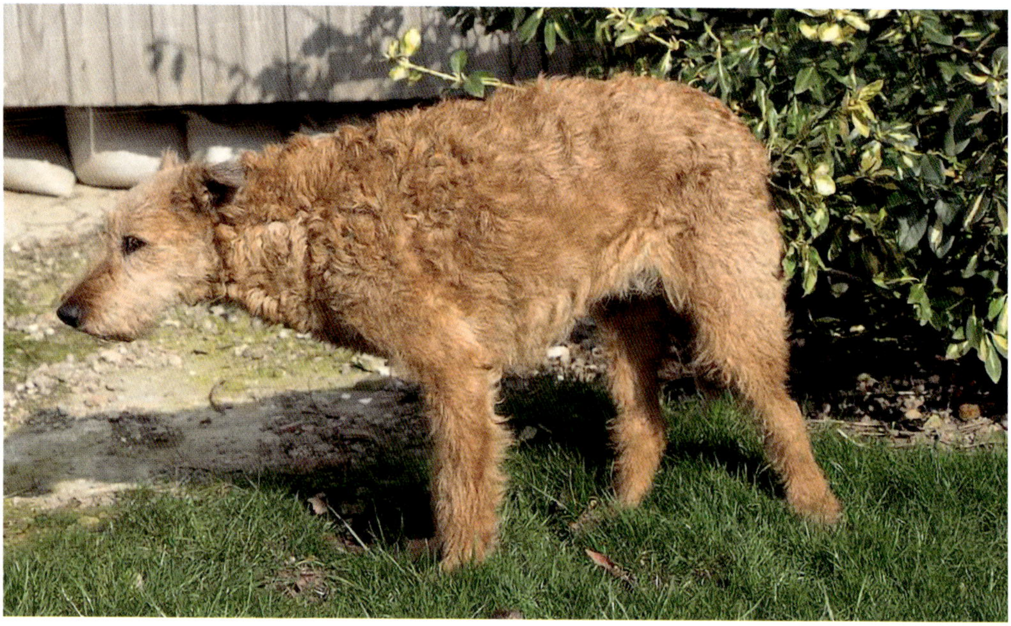

Einleitung

Dieses ist **kein** Trainingsbuch! Auf den nachfolgenden Seiten möchten wir informieren, sensibilisieren, zum Nachdenken anregen, zum Ruhe bewahren mahnen, zum Vorgehen in kleinen (und kleinsten) Schritten aufrufen, zur Vermeidung von Hektik, Stress und Druck auffordern sowie nicht nur zum Mitfühlen, sondern auch zum Mitdenken animieren.

Die Themen Angst und auch Unsicherheit, welche in vergleichbare Richtungen gehen, doch andere Auswirkungen haben, zählen eher zu den unbeliebten. Sie werden häufig miteinander verwechselt, sind aber sauber voneinander zu trennen. Natürlich macht es viel mehr Spaß, sich mit Welpenerziehung und -aufzucht zu beschäftigen. Natürlich ist es zwar stressig und fordernd, sich den pubertären Auswüchsen eines halbstarken Hundeschnösels zu stellen, es wird aber trotzdem gern gemacht. Und natürlich stöbert der engagierte wie motivierte Hundehalter auch viel lieber in den Büchern, die Tipps zu Alltagsbeschäftigung und Freizeitgestaltung parat halten. Dabei verhält es sich mit der Angst ähnlich wie mit der Aggression: Man weiß, dass es sie gibt, will sie aber nicht haben, neigt zum Vertuschen, zum Verniedlichen, manchmal zum Dramatisieren, zum Verteufeln, zum Fehlinterpretieren, zum falschen Umgang mit ihr. Und alle Beteiligten leiden – zwei- wie vierbeinige.

Auf den nachfolgenden Seiten werden Sie hier und da auch Anmerkungen und Vorschläge zu Trainingsansätzen und sinnvollen Übungen lesen. Auch die Fallbeispiele haben wir absichtlich ausführlich, emotional und subjektiv belassen, wie sie uns dankenswerterweise zur Verfügung gestellt wurden. Der Leser kann an ihnen und den anschließenden verhaltensbiologischen Anmerkungen leicht selber sehen, dass es verschiedenste Hintergründe gibt, die zu unsicherem Verhalten und Angstproblemen führen, und dass das Spektrum an Auswirkungen äußerst breit ausgelegt ist.

Deshalb kann – und darf! – ein Buch nur Denkanstöße geben, nicht aber ein Rezept und eine »Kochanleitung«, um das Phantom des Schreckens samt seiner Regieanweisungen auf das Individuum und dessen Lebensführung mal flugs hinweg zu brodeln! Wer also eine Do-it-Yourself-Anleitung und Foto-Trainingsstory erwartet, sollte das Buch schnell wieder zur Seite legen.

Auch hier gibt es durchaus wieder eine Parallele zum Thema Aggression: Individualität in der Problematik erfordert Individualität in der Problemlösung – und das im optimalen Fall durch kompetente, individuelle Begleitung, sei es durch einen Trainer oder auch durch ein Team von Trainer, Tierarzt, Ernährungsberater und Physiotherapeut. Je nach Problematik, je nach Möglichkeit, je nach Bedarf.

Aber selbst wenn dieses Buch nicht als Trainingsbuch geschrieben ist, ist es trotzdem ein Buch, das Ihnen und Ihrem Hund und in der Folge auch Ihrem Miteinander helfen kann, Ihren individuellen Weg zu finden. Wenn wir mit dem Geschriebenen dazu beitragen könnten, dann hätten wir unser Ziel erreicht.

Gehe nicht hinter mir,
vielleicht führe ich nicht.

Gehe nicht vor mir,
vielleicht folge ich nicht.

Geh einfach neben mir
und sei mein Freund!

ALBERT CAMUS

1 »Angst essen Seele auf«

Dieser Titel eines beachtlichen Fassbinder-Films aus den 1970er-Jahren ist trotz seiner nicht korrekten Grammatik längst zu einer stehenden Redewendung in unserem Sprachgebrauch geworden. Zufällig entstanden aus einer Äußerung des männlichen Hauptdarstellers dieses Films, El Hedi Ben Salem, spiegelt dieser Ausspruch nur zu deutlich wider, welche Auswirkungen Angst auf ein fühlendes Lebewesen haben kann. Und dieser Einfluss und die Konsequenzen von Angst sind nicht nur beim Menschen spür- und erlebbar, sondern auch bei anderen Tieren. Wer den Hund noch immer als seelenloses, rein funktionales Geschöpf wertet, dem mögen unsere Ausführungen nicht passen, ja womöglich als absurd erscheinen. Doch diese Klientel dürfte sich im kleinen Rahmen halten und definitiv nicht zu den Käufern eines solchen Buches zählen. Für uns ist der Hund ganz klar und unbestritten ein Mitgeschöpf mit Emotionen!

Manchmal überfordert das reale Leben einfach …

Angst und Furcht als negative Emotionen haben durchaus wichtige evolutive Funktionen. Wer in unsicheren, unvorhersagbaren und möglicherweise gefährlichen Lebensräumen lebt, tut gut daran, ständig auf der Hut zu sein. Meist wird dieses Lebewesen auch durch Erfahrungen besser in die Lage versetzt, potenziell gefahrenträchtige Situationen früher zu erkennen und sich entsprechend zu verhalten. Zeigt sich dann eine konkrete Gefahr, ist auch die gezielte Furchtreaktion durchaus sinnvoll.

Man kann einen Feind angreifen oder vor ihm fliehen. Dazu muss man aber seinen Standort erst einmal kennen und um dies zu erreichen, werden im Zustand der Gefahr die Sinnesorgane und das Gehirn zunächst sehr gut mit Blut versorgt. Die zuerst aktiven Hormone des aktiven Stresssystems, nämlich Adrenalin und Noradrenalin, sorgen dafür, dass u.a. auch die genannten Organe gut mit Blut und damit mit Sauerstoff sowie Nährstoffen versorgt werden. Schafft es das Lebewesen dann, sich durch eine gezielte Reaktion der Gefahr zu entziehen und zu überleben, dann wirkt das beteiligte Hormonsystem auch gleich noch lernverstärkend. Gerade das Noradrenalin dient als Lernverstärker und ist außerdem chemisch nahe verwandt mit dem Lern- und Selbstbelohnungsstoff Dopamin.

Lebt man in unvorhersehbaren, unsicheren und wenig planbaren Lebensräumen, so ist es sinnvoller, sich nicht aktiv einer im Augenblick nicht lokalisierbaren Gefahr entgegenzustürzen. Dies führt dann eher zu der Angstreaktion, die mehr mit dem passiven Stresshormonsystem des Cortisols verknüpft ist. Auch das Cortisol ist in der Lage, Verhalten angepasst zu beeinflussen. Als fettlösliches Hormon hat es jedoch eine langsamere Wirkungscharakteristik: Erst circa fünf Minuten nach Wahrnehmung einer angstauslösenden Situation steigt der Cortisolspiegel messbar an und erreicht nach 20 Minuten seinen Höhepunkt. Diese langsame Kinetik hat besondere Bedeutung, wenn die Situation inzwischen schon wieder geklärt wurde. Dann kann trotzdem und durchaus völlig unerwartet eine Viertelstunde später ein Angstangriff oder eine andere Angstreaktion als verzögerte Cortisolfolge erfolgen.

Der Mensch muss also auf die **ersten** Anzeichen von Angst beim Hund reagieren und dafür sorgen, dass nicht nur die angstauslösende Situation, sondern auch die dabei möglicherweise gestartete Cortisolausschüttung möglichst schnell wieder abgebaut wird. Kommt es zur wirklichen Angstreaktion, schalten einige Regionen des Gehirns auf Autopilot um. Dies werden wir später noch genauer besprechen.

Eine Untersuchung an kanadischen Tierheimhunden (Hennessy et al., siehe Gansloßer und Kitchenham, 2014) *zeigt, dass eine lange Intensivmassage nach einer Blutabnahme durch den Tierarzt als einzige Maßnahme den Cortisolanstieg gewissermaßen rückwirkend vermeiden kann.*

Sogar die Extremreaktion, dass Erstarren und die völlige Handlungsunfähigkeit, ist durchaus evolutiv unter Umständen sinnvoll. Die meisten Fressfeinde eines Tieres agieren auf Sicht, unbewegte Reize werden kaum oder gar nicht wahrgenommen. Erstarrt also ein Tier im Angesicht des Beutegreifers, kann es aus dessen Blickfeld regelrecht verschwinden und so doch noch überleben. Die Totstellreaktionen, die beispielsweise bei den amerikanischen Beutelratten sogar sprichwörtlich geworden sind, sind sozusagen die extremste Form einer überwältigenden Angstreaktion. Bei der sogenannten »Thanatose« werden wahre Meisterleistungen im Schauspiel gezeigt!

Der Mensch als Stütze und sicherer Hafen kann helfen, selbst gruseligste Konfrontationen zu meistern.

2 Angst hat viele Gesichter

Angst hat derart viele Nuancierungen in ihrer Auswirkung wie sie multifaktorielle Gründe für ihre Entstehung hat. Alle Aspekte gleichermaßen zu berücksichtigen – das bitteschön auch noch gründlich – und dabei im Einzelnen die jeweiligen Umkehrschritte in diesem Buch aufzuzeigen, ist vielleicht von manchem Leser so erhofft und erwünscht, wie es unseriös wäre, weil es unmöglich ist. Wer tiefer in das Thema einsteigen möchte, dem sei das Angstkapitel in »Verhaltensphysiologie & Medizin« (S. 270ff.) empfohlen.

Aber Wissen um die für alle Hundebesitzer zu vermutenden und zu erahnenden sowie die sicht- und erlebbaren Vorgänge wollen wir hier vermitteln, um die Betroffenen auf zwei und vier Beinen auf Wege leiten zu können, die Verständnis und Linderung – in welcher Form auch immer – finden lassen. Angst und Furcht und die Steigerung derselben, die in Panik und Phobie gipfelt, belasten den Hund in seiner Gesamtheit, also psychisch wie physisch. Sie bilden dabei den Ursachenpool für eine Vielzahl gesundheitlicher Probleme und Problemverhaltensweisen, mit welchen der Halter und alle weiteren mit dem Hund in Kontakt kommenden Menschen konfrontiert werden. In der Praxis der Hundetrainer und Verhaltenstherapeuten, aber auch in der tierärztlichen Praxis, sind Angstproblematiken an der Tagesordnung.

Die menschliche Körpersprache bedeutet für den Hund nicht selten etwas anderes als das, was der Mensch vermitteln möchte.

Es ist sinnvoll, Angst oder Furcht im ökologischen Zusammenhang, also in unklaren und potenziell gefährlichen Umweltsituationen, deutlich zu trennen von solchen in sozialen Zusammenhängen. Bemerkenswert ist jedoch, dass in beiden Situationen ein Zuviel ebenso wie ein Zuwenig an bestimmten Reizen zu Angst führen kann. Bekannt ist dies aus Laborversuchen: Labortiere, die man auf einen freien, leeren Tisch setzt (sogenanntes offenes Feld), reagieren bisweilen ebenso mit deutlich messbaren, im Verhalten und in der Physiologie erkennbaren Anzeichen von Stress und Angst wie solche, die in ein beengtes Behältnis gesetzt werden. Ein an sich sozial lebendes Tier kann in der Vereinsamung genauso Angst empfinden wie in einer dicht gedrängten Ansammlung von vor allem unbekannten Artgenossen. Die Reaktion ist in jedem Falle darauf gerichtet, in der momentanen Situation den optimalen Zustand an Kontakt, auch mit Artgenossen oder Umweltreizen, herzustellen. Jede **Abweichung** von diesem **Optimalwert** nach unten wie nach oben bedeutet Stress und kann zur Angstentstehung beitragen.

Im ökologischen Zusammenhang können Ängste entstehen, entweder als Folge des motorischen Versagens oder auch schon im Vorfeld eines möglichen motorischen Versagens. Hier wären beispielsweise der Hund, der keine Treppen kennt, oder die Verhaltensreaktion auf unbekannte Fußbodenbeläge zu nennen.
Versagt die Wahrnehmung, was möglicherweise gefährliche Folgen haben kann, kann dieser Umstand eine zweite Ursache für Angstverhalten sein. Dies zeigt sich beispielsweise beim Senior mit eingeschränkter Sinnesleistung, der sich in der Dunkelheit oder anderen unbekannten Situationen sträubt spazieren zu gehen oder es total verweigert.

Drittens kann eine Angst auch infolge von Fehleinstellungen gegenüber der Umwelt auftreten, zum Beispiel dann, wenn der Hund bestimmte Reize nicht kennt, weil er fern jeglicher Zivilisation aufgewachsen ist und plötzlich in die Großstadt verpflanzt wird. Im letzteren Falle ist der überwiegende auslösende Faktor in einer mangelnden Bewältigungsstrategie zu sehen, da die mit Lernen und Erfahrungsverarbeitung befassten Teile des Gehirns ihm noch keine Handlungsanweisung für diese unbekannte Situation geben können.

Betrachtet man tierliche Emotionen, also auch negative wie Angst und Furcht, unter diesen genannten evolutiv-ökologischen Gesichtspunkten, so wird schnell klar, dass es weder sinnvoll noch möglich ist, einem Hund Angst oder Furcht abzugewöhnen oder gar wegzudressieren, weil sie ein durchaus nützliches Verhalten darstellt. Viel wichtiger ist es, dem »Angsthasen«, der in unserem Fall ein Angsthund ist, zu vermitteln, dass es eben viele Situationen gibt, in denen man konkret keine Angst haben muss und dass viele Furcht auslösende Situationen bewältigt werden können. In unsicheren und unübersichtlichen Situationen dagegen weiterhin Angst zu haben, kann sogar für unseren Familienhund durchaus noch lebens- und gesundheitserhaltend sein.

Manchmal droht einem der Himmel auf den Kopf zu fallen. Man (Hund) muss schon vorsichtig sein …

Die Stadien der Angst und ihrer Bewältigung wurden in mehreren Modellen von Humanpsychologen dargelegt. Lazarus und Volkman (1984) haben eine mehrstufige Angstbewältigungsreaktion beschrieben:

Zunächst folgt die Erstbewertung, wobei die derzeitige Situation in ihren möglichen Auswirkungen auf einen selbst eingeschätzt wird.

Dann kommt es zur Zweitbewertung, der Einschätzung der individuellen Möglichkeiten mit dieser Situation fertig zu werden.

Im Anschluss daran wird die Situation nochmals neu bewertet, und dann beginnt, wenn man es sich zutraut, der Bewältigungsprozess.

Dieser besteht zunächst überwiegend darin, innere Angstzustände abzubauen, gegebenenfalls mithilfe des Gedächtnisses früherer Handlungen oder mithilfe sozialer Unterstützung konkret das Problem anzupacken. Wenn man das geschafft hat, klopft man sich innerlich wieder auf die Schulter. In ähnlicher Weise hat der Psychologe Strian die Angstreaktion in drei Abschnitte unterteilt, nämlich die Bedrohungswahrnehmung, die Bedrohungsbewertung und die Bedrohungsantwort. Krankhafte Angstzustände entstehen dann, wenn entweder die Bedrohungswahrnehmung gestört ist und die Bedrohung somit falsch eingeschätzt wird oder wenn die Alarm- und Bedrohungsreaktionen im Gehirn gestört sind, sodass Angstattacken auftreten können beziehungsweise wenn das Warnsignal im Gehirn zu lange anhält, obwohl die Problemsituation längst vorbei ist oder vielleicht sogar bewältigt wurde.

2.1 Man sieht es ihnen an!

»Man« = Frauchen/Mama, Herrchen/Papa, die Fürsorgepersonen des Vierbeiners samt sonstiger menschlicher Umgebungspersonen

»es« = die individuelle, momentane/situative Gestimmtheit des Signalsenders

»ihnen« = Hündin, Rüde, »Rüdin«

Nur wird »es« nicht immer korrekt interpretiert und in der Folge auch nicht adäquat darauf reagiert. Grob (!) lassen sich die Reaktionen auf verunsichernde bis angsteinflößende Umstände in auslösende und hemmende Aktionen einteilen. Welche körpersprachlichen Signale genau bei Unsicherheit, Furcht, Angst oder sogar Panik gezeigt und ausgesendet werden, ist abhängig von der grundsätzlichen Persönlichkeit des Individuums (A-Typ eher aktiv, B-Typ eher gehemmt, unzählige Mischformen möglich). Niemals aber darf nur ein Merkmal allein herangezogen werden, um ein Fazit zu ziehen. Es ist immer die Summe verschiedener Merkmale sowie ihrer Varianten und Nuancen, die Aufschluss über eine jeweilige Gestimmtheit des Lebewesens gibt und das zu allen Gemütsregungen, die im Leben und im Alltag vorkommen.

In der Folge listen wir deshalb auch nur eine Auswahl an zu bemerkenden Reaktionen auf, wobei absolut kein Anspruch auf Vollständigkeit erhoben wird und es durchaus auch noch viele (!) Mischformen zu erleben gibt.

Aktion	auslösend	hemmend
	Flucht Angriff Herumalbern bis übertriebene Kontaktaufnahme	Einfrieren Verweigerung Selbstaufgabe und in diesem Zusammenhang falsch interpretierte »Sturheit«

Körperliche Anzeichen können u.a. sein:

- zurückgezogene bis angelegte Ohren

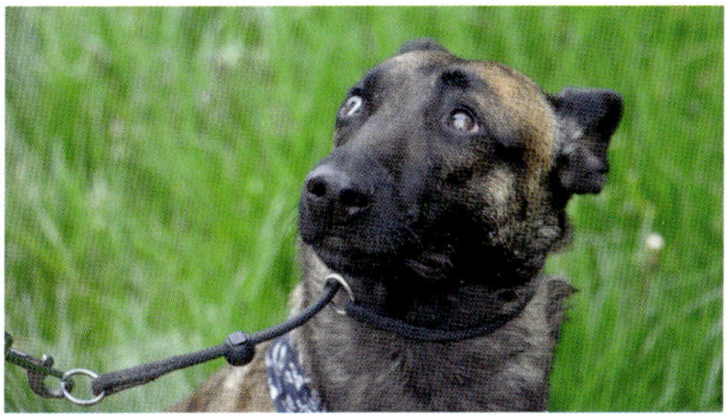

Unsicherheit und Unwohlsein sind hier deutlich sichtbar.

- gesträubte Haare

Das Haar an der Kruppe ist aufgestellt, aber die Rute abgesenkt und angespannt nah am Körper.

- zurückgezogene Maulwinkel, dadurch entsteht ein etwas »dümmliches« Grinsen *(submissive grin)*
- zurückgestellte, eingeknickte und eher nach hinten belastete Läufe (Fluchttendenz)
- abgeduckte Haltung, verkleinerte Silhouette

- abgewendeter Körper
- zwischen die Schultern gezogener Kopf
- aufgezogene, dadurch runde Rückenlinie

- geklemmte, eingezogene bis unter den Körper gezogene Rute
- aufgerissene Augen und vergrößerte Pupillen

- starrender oder unruhiger bis hektischer Blick
- Blinzeln
- Lippenlecken, Züngeln
- Schmatzen
- Gähnen

Viele Konfliktsignale auf einmal: zurückgezogene Ohren, blinzelnd zugekniffene Augen und Gähnen bei weit aufgerissenem Maul.

- Pföteln
- Zittern
- Hecheln
- Sabbern
- Fiepsen, Winseln
- Kratzen (sich selbst oder am Boden)
- Knabbern (sich selbst beknabbern, aber auch andere Subjekte oder Objekte)
- Abgewandtes Schnüffeln (zur Orientierung oder als Konfliktmanagement)
- insgesamt deutlich verlangsamte Bewegungen (bis hin zur Zeitlupe)
- Steifheit und insgesamte Angespanntheit
- Unruhe
- jegliche Anzeichen des Stresskomplexes
- Aggression als Reaktion auf empfundene Auswegslosigkeit

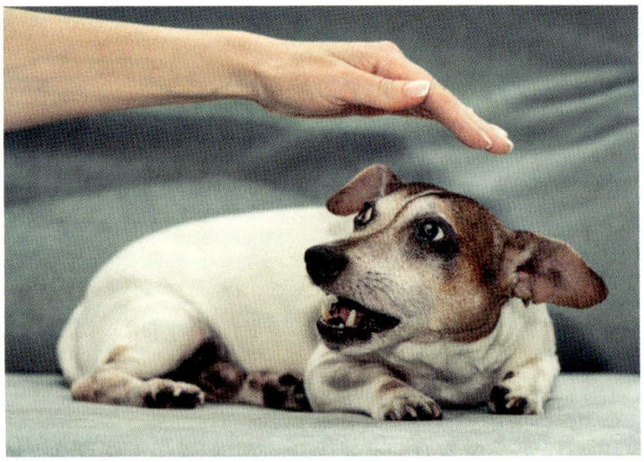

Viele Hunde mögen Kopftätscheln nicht. Manche fühlen sich hierdurch verunsichert bis bedroht und reagieren unter Umständen mit Abwehr.

- Schwitzen (für Verunsicherungen anfällige Hunde haben manchmal »Schweißfüße«)
- Futterverweigerung
- häufig vermehrtes Trinken (Hecheln verbraucht viel Flüssigkeit)
- Durchfall
- Abmagerung
- Haar- und Hautprobleme
- Herz-Kreislauf-Probleme
- manche Hunde sondern einen »merkwürdigen« Geruch ab, wenn sie sich fürchten
- Verunreinigungen durch stubenreinen Hund
- Zerstörungen

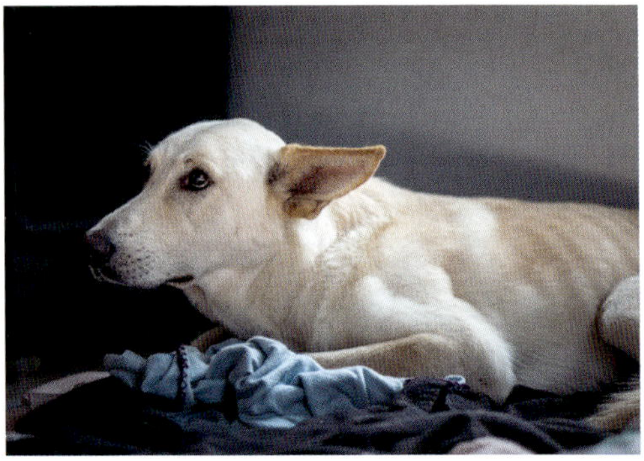

2.2 Was für alle »Hasenfüße« gilt

Auch wenn unser Buch ausdrücklich keine Trainingsanleitungen geben will, weil es eben nicht möglich ist, diese pauschal zu geben, so gibt es doch ein paar (wenige!) allgemeingültige Aspekte, die beim Umgang mit unsicheren, ängstlichen, psychisch instabilen Hunden Gültigkeit haben:

- Trainingsschritte, egal ob spaßbetonte Übungen, Beschäftigungen oder eben auch Alltagslern- und Erziehungsübungen sollten sich auf kurze Einheiten beschränken. Lieber öfter in den Tag einbauen, aber kurz, knapp und mit Erfolgsaussicht konzipiert. Konzentration ist etwas, was diesen Hunden extrem schwerfällt bis zeitweilig völlig unmöglich aufzubringen ist. Dem muss Rechnung getragen werden!

- Bodenarbeit, physiotherapeutische Anwendungen, Balanceübungen und ähnliche Dinge vermitteln mehr Körpergefühl, was gut tut und diesen Hunden häufig auch hilft, besser entspannen zu können.

- Zu bewältigende Denkaufgaben, erfolgreiche Schnüffelaktionen, kleine Hindernisparcours stärken Selbstbewusstsein und Selbstvertrauen.

- Auch bei Aufgaben, die der Hund durchweg gut beherrscht, sollten Anforderungen nicht nur gesteigert, sondern durchaus auch zwischendurch immer wieder einmal erleichtert werden. So stellt sich zwischendurch schneller ein Erfolg ein und es hebt die Motivation bei der schwierigeren (die aber nicht *zu* schwierig sein darf) Anforderung. Hat der Hund öfters Erfolg, fördert das sein Selbstbewusstsein!

- An »schlechten Tagen« einfach mal auf anspruchsvolle Dinge verzichten und einfach das Miteinander genießen!

Zwei neue Studien lassen unerwartete Merkmale und damit auch vielleicht neuartige Möglichkeiten zur Diagnostik erkennen: Mario Siniscalchi und Co-Autorinnen (2022) filmten die Mimik von Hunden mit Angstproblemen in unbekannter Umgebung mit ihrem Menschen und bei Annäherung eines Fremden. Bemerkenswert häufiger als erwartet zeigte sich dabei eine deutliche Asymmetrie im Gesichtsausdruck. Dies erinnert an das häufige Phänomen von »zwei halben Hunden« bei inneren Konflikten, wenn zum Beispiel die linke und die rechte oder die vordere und die hintere Körperseite unterschiedliche Haltungen einnehmen.
Ein großes Team rund um Anna Zamansky (2018) versuchte die Testsituation für potenziell ängstliche Hunde stärker zu standardisieren und testete die Hunde in Interaktion mit einem Roboter. Die »auffälligen« Hunde bewegten sich signifikant weniger als die Kontrollgruppe.

Wer Angst hat, der erfährt Stress. Wer gestresst ist, ist nicht entspannt. Diese diversen Emotionen sind eng miteinander verknüpft und bedingen sich oder schließen sich aus.

Schauen Sie doch einmal selbst, wie es um den Relax-Pegel des eigenen Vierbeiners bestellt ist:

Gestresst oder entspannt?

Stresssignale sind unter anderem	Entspannungssignale sind unter anderem
Häufiges, oberflächliches Seufzen	Langsames Seufzen
Aufstoßen	Tiefe, regelmäßige Atemzüge
Hektisches Gähnen	Langsames Gähnen
Schnelles Lecken der Lefzen	Langsames Lecken der Lefzen
Tonlose Maulbewegungen	Entspannter Nacken und Rücken
Kratzen	Dehnen
Verspannter Kiefer	Entspannte Schnauze und Lefzen
Erhöhte Herzfrequenz	Weicher Blick
Aufgerissene Augen und wilder oder starrer Blick	Seitenlage beim Schlafen
Angespannte Zunge mit Rollrändern	Ruhiges Solitärspiel
Allgemeine Nervosität	
(Hyper-)Aktivität	

3 Was der Mensch leisten kann/muss

Unsere Aufgabe als Mensch ist es also, beim Hund die Bewältigung solcher Angstsituationen zu unterstützen. Um die Bedrohungswahrnehmung zu erleichtern oder eine Situation gar nicht erst als bedrohlich wahrnehmen zu lassen, müssen wir versuchen, ihn an viele Reize und Situationen zu gewöhnen. Um ihm die kognitive Bewertung der Situation zu erleichtern, muss er sich an frühere Erfolgserlebnisse erinnern und dadurch merken, dass er »es« kann und dass »es« gar nicht so schlimm ist.

Und um ihm die konkrete Bedrohungsantwort (die Verhaltensreaktion) zu erleichtern, müssen wir ihm Handlungsspielräume einräumen und ihm die Chance geben, erfolgreich zu agieren. Es ist also nicht sinnvoll, alle auch noch so harmlosen Situationen im Vorfeld und in vorauseilender Fürsorge für den Hund zu lösen und ihn dadurch emotional in Watte zu packen. Viel wichtiger ist es, ihm zu zeigen, wie er selbst mit einer Situation fertig werden kann, ihn während der Bewältigung und Problemlösung zu unterstützen und zu belohnen. Dies ist dann auch etwas ganz anderes als das vielfach gescholtene angebliche Bestätigen von Angst. Es geht nicht darum Angst zu bestätigen, sondern um Bestätigung der Bewältigungsreaktionen! Dem Hund wird somit der doppelte »Kick« verschafft: Er hat ein Problem gelöst und weiß auch noch einen hilfsbereiten, verlässlichen und letztlich auch sehr glücklichen Menschen neben sich.

Gefahr erkannt, Gefahr gebannt! Jetzt kann das Leben genossen werden.

Im Prinzip entspricht das dem Konzept der sogenannten »**Stressimpfung**«, die mit steigender Intensität bewältigbarer Belastungen letztlich zu einer verbesserten Resilienz führt. Und genau wie eine Aufzucht in fast keimfreier Umgebung eben auch Allergien erzeugen kann (die sogenannten Sagrotan-Mütter haben oft Kinder mit Allergieproblemen), kann eine ständige Belastungsabwesenheit später zu mangelnder Resilienz beitragen (das Vorgehen sogenannter »Rasenmäher- oder Curling-Eltern«, die ihren Kindern alle Hindernisse aus dem Weg schaffen).

Schafft der Hund »es« nämlich nicht und kommt immer wieder und in vielleicht sogar immer kürzeren Abständen in die gleiche für ihn bedrohlich erscheinende und eben bisher nicht erfolgreich bewältigte Situation, dann setzen sehr unangenehme Langzeitlernprozesse ein. Das allgemeine Phänomen der Langzeitpotenzierung, eine chemische und elektrische Fixierung von Gedächtnisinhalten, führt schließlich dazu, dass über die beteiligten Nervenverknüpfungen immer schneller und immer erfolgreicher elektrische Reize weitergeleitet und mithilfe von chemischen Botenstoffen übergesetzt werden. Schließlich sind sozusagen aus dünnen Drähtchen dicke Kabelbäume im Gehirn geworden. Gleichzeitig wird auch die Qualität der Leitung verbessert: Statt wackeliger Eisendrähtchen finden wir dann Glasfaserkabel mit einer sehr hohen Datenübertragungskapazität. Werden diese verbesserten Leitungen in den Regionen und bei den Reaktionen des Gehirns eingebaut, die dem Hund eine erfolgreiche Problemlösung zeigen, so wird er mit der Zeit immer stabiler werden, nach und nach auch die schwierigeren Aufgaben immer bereitwilliger angehen. Werden dagegen diese Verschaltungen und Verstärkungen der Übertragungsleistung in den Regionen und Verbindungen eingebaut, die dem Hund eher Unsicherheit, Zurückhaltung oder gar das Gefühl vermitteln, schon wieder versagt zu haben, so wird er sich immer mehr zurückziehen und immer weniger seine zukünftige Problemlösung selbst in die Pfote nehmen wollen. In dem Zustand zeigt sich dann schließlich das Phänomen der erlernten Hilflosigkeit, bei dem diese Versagensängste in einer Art Autopilotschaltung als automatische Rückkopplungsschleife immer wieder und immer wieder ablaufen und dann ja auch zur selbst erfüllenden Prophezeiung werden. Wer seine Probleme nicht selbst angeht, vergibt eine gute Chance, dass sie gelöst werden!

Nicht jeder Straßenhund ist eine bedauernswerte Seele. Diesem Vierbeiner in Nepal geht es durchaus gut. Er wird gefüttert, beachtet, erfährt Ansprache – und darf ein selbstbestimmtes Leben führen.

4 Emotionen

Die Existenz von Emotionen bei nicht menschlichen Tieren wurde mittlerweile in einer Vielzahl von Studien belegt und auch in Übersichtsartikeln zusammengefasst (Gansloßer, 2023; Gansloßer, 2020). Emotionen sind evolutionsbiologisch durchaus bedeutsame Filter, die Umweltreize bereits vorbewerten und damit eine wesentlich schnellere Reaktion vor allem in Krisensituationen ermöglichen. Es handelt sich hier übrigens auch keineswegs um eine Eigenschaft, die nur besonders hochstehenden Tierarten zukommt.

Gerade die für die Entstehung und Bewertung von Emotionen zuständigen Teile des Gehirns gehören wahrscheinlich zu den ältesten Arealen, die zumindest seit dem Übergang vom Reptil- zum Säugetierzustand ausgebildet sind. Unterschiedlich ist lediglich die Frage, ob Tiere ihre Emotionen auch nach außen tragen. Tierarten, die in gut geordneten sozialen Beziehungsnetzen zu leben pflegen wie Menschen, Menschenaffen, Elefanten oder eben auch Hunde, können durchaus davon profitieren, ihren Gruppengenossen die derzeitige Gefühlslage mitzuteilen und auf deren Unterstützung zu »hoffen«. Wem es nicht gut geht, der kann soziale Unterstützung von seinen nächsten Kumpanen und Verwandten erwarten. Und wer zum Beispiel eine besonders freudige Botschaft zu übermitteln hat, weil er ein gutes Futterversteck gefunden hat, der wird auch erleben, dass vorwiegend seine engsten Verwandten und Kumpane sich mit ihm zusammen an dessen Ausnutzung machen. Wer dagegen einzeln lebt, muss befürchten, dass beim Zeigen negativer Emotionen ein Feind davon profitiert. Und wenn er sich dann allzu deutlich über gefundenes Futter freut, wird auch eher die Konkurrenz als der positiv belegte Sozialkumpan ihm diese streitig machen. Deshalb sind einzeln lebende Tierarten eben wesentlich weniger klar in der Kommunikation emotionaler Gestimmtheiten, aber sie sind trotzdem nicht unemotional.

Wer für sich selbst sorgen musste und dabei erfolgreich war, der verteidigt seine Taktiken und erst recht seine gewonnenen Ressourcen.

Bei der Einteilung von Emotionen werden meistens zwei durchaus miteinander vermischbare Ansätze gewählt:

- Zum einen unterscheidet man positive und negative Emotionen. Positive Emotionen entstehen immer dann, wenn durch ein Verhalten gewissermaßen »Vorratshaltung« möglich ist. Ob dies ein besonders schmackhaftes Futter ist (man denke an süße Früchte oder auch alkoholisch vergorene Früchte, die einen sehr hohen Brennwert enthalten) oder ein besonders intensives soziales Spiel, bei dem man Beziehungspflege betreiben kann, oder die Sexualität, die zur erfolgreichen Fortpflanzung führt – positive Emotionen führen dazu, dass solche Situationen auch gesucht und dann auch immer, wenn sie sich bieten, ausgenutzt werden.
- Negative Emotionen entstehen dagegen dann, wenn sich der Organismus in einer Situation befindet, die von suboptimal bis gefährlich reicht. Sie bilden den negativen Verstärker, der dem Tier die Botschaft übermittelt: »Es geht dir gerade nicht gut, tu endlich etwas dagegen!«. Negative Emotionen unterstützen also die Suche nach Problemlösungen und damit den Versuch, sich in eine bessere Umweltsituation oder eine bessere soziale Gefügelage zu begeben.
- Neurobiologische Untersuchungen haben gezeigt, dass beide Gruppen von Emotionen jeweils mit eigenen Schaltkreisen im Gehirn verknüpft sind, die man durchaus auch deshalb als die Vergnügungs- und Leidensschaltkreise (*circuit of pain versus circuit of pleasure*) bezeichnet. Untersuchungen an Hunden im

Innig verbunden – das tut gut und aktiviert die für Emotionen zuständigen Bereiche des Gehirns.

Magnetresonanzgerät haben beispielsweise gezeigt, dass freudiges Lachen eines Menschen und Spielbellen eines Hundes gegenüber dem traurigen Weinen oder traurigen Jaulen eines Hundes jeweils die gleichen emotionalen Zentren im Gehirn eines Hundes anzusprechen pflegen.

- Eine etwas differenziertere Kategorisierung von Emotionen bezieht sich auf die Umweltsituationen, mit der sie verknüpft sind:

1. Von primären Emotionen spricht man dann, wenn diese eine unmittelbare Reaktion auf die Umweltsituation sind. Hierzu gehören beispielsweise Angst und Furcht, also die beiden wichtigsten Emotionen im Zusammenhang mit unserem Buch.

2. Von sekundären Emotionen spricht man dagegen, wenn es sich um einen Bezug auf die soziale Situation des betreffenden Tieres handelt. Hierzu gehören als soziale Sekundäremotionen beispielsweise Mitleid, Trauer, Mitgefühl oder auch Eifersucht, als sogenannte moralische Sekundäremotionen Scham, Schuldgefühle, schlechtes Gewissen etc. Auch wenn es nicht zentrales Thema unseres Buches ist, sei dringend darauf hingewiesen, dass moralische Sekundäremotionen bei Hunden bisher überhaupt nicht belegt sind. Gerade das sogenannte »schlechte Gewissen« ist nichts anderes als eine Fehlinterpretation von vorsorglich gezeigtem Beschwichtigungsverhalten des Hundes und ist meist auch von der Vorinformation des Menschen stärker abhängig als von der Situation, in der sich der Hund befand. Gerade im Zusammenhang mit der Trennungsproblematik werden wir auf dieses Thema nochmals zurückkommen müssen.

Die Existenz von Emotionen, auch bei Hunden, ist also aus vielerlei Studien und aus sehr plausibel und logisch erscheinenden wissenschaftlichen Aufsätzen unbestritten. Aufgabe des Hundehalters ist es nur, sich vor unnötiger und übermäßiger Vermenschlichung zu hüten und dem Hund nur solche Emotionen zuzuschreiben, die einerseits auch in seinem Umfeld biologisch sinnvoll erscheinen und andererseits durch sein Ausdrucksverhalten oder andere erkennbare Reaktionen belegbar sind. Dankbarkeit gehört sicherlich nicht dazu!

5 Unsicherheit, Furcht, Angst – was ist was?

Vor der weiteren Auseinandersetzung mit diesem Thema ist es wichtig, sich erst einmal zu verdeutlichen, was Angst beim Hund eigentlich ist und wann sie problematisch wird. Beachten wir daher Folgendes, welches mit freundlicher Genehmigung des Kosmos' Verlags Stuttgart übernommen wurde aus dem Buch: Verhaltensphysiologie & Medizin, Hrsg. Udo Gansloßer, Seite 307, 2023.

Unsicherheit und Vorsicht, Informationsmangel und Persönlichkeit

Nicht alle Begriffe und Vorstellungen, die im Zusammenhang mit dem Problemkreis Angst und Furcht bei Hunden geäußert werden, beziehen sich auf konkrete emotionale Hintergründe. Vielfach verwechselt werden auch Persönlichkeitseigenschaften oder situative Anpassungen. Ein vorsichtiger Hund oder auch ein Hund, der eher zurückhaltende Persönlichkeitseigenschaften zeigt, muss keineswegs auch ängstlich sein. Gerade in unbekannten oder unübersichtlichen Gegebenheiten kann eine individuell typische Zurückhaltung durchaus auch Vorteile bringen. Auch der Begriff der Unsicherheit kann ganz unterschiedliche Inhalte haben. Wenn man es informationstheoretisch betrachtet, ist Unsicherheit einfach nur die Abwesenheit von konkreten Informationen. Wenn ich in einer bestimmten Situation noch nicht genug über die Umwelt, mein Gegenüber oder andere mich betreffende Gegebenheiten weiß, habe ich informationstheoretisch den Zustand der Unsicherheit. Dass ich dann je nach Persönlichkeitstyp, vor allem als eher zurückhaltend/bedächtiger Bedenkenträger (B-Typ, siehe Kapitel Persönlichkeitsmerkmale, Seite 32) nicht unbedingt sofort vorwärtsstürmen werde, ist evolutionsbiologisch und situativ verständlich.

Unsicherheit als Zustand dagegen bedeutet, dass ich mir über meine Handlungsmöglichkeiten oder deren Auswirkungen nicht klar bin. Eine solche Unsicherheit kann wiederum auf Informationsmangel, auf Mangel an einschlägigen Erfahrungen oder auf einer schwer vorhersagbaren, unplanbaren bis chaotischen Umwelt beruhen. Bekomme ich dann entweder Erfahrung in dieser Situation (am besten positive!) oder mehr Information oder kann aus meiner Umwelt doch ein Muster erkennen, dann geht die Unsicherheit zurück und die Handlungsfähigkeit wird verbessert.

Alle diese begrifflichen Abklärungen müssen zunächst erfolgen, bevor man einem Hund Angst oder auch Furcht etc. unterstellt.

Grundsätzlich und wie bereits angesprochen muss festgehalten werden, dass eine gewisse Vorsicht und Furcht vor unbekannten, nicht abschätzbaren Dingen (auch Personen) für Wildtiere überlebensnotwendig und daher durchaus nicht anormal, geschweige denn pathologisch sind. Der draufgängerische, »toughe« Rambo-Typ wäre in natürlicher Wildbahn einem Selbstmörder auf Kamikaze-Trip gleichzusetzen, völlig untauglich, um das eigene Überleben und das Überleben der sozialen Gruppe, in welcher er lebt, zu gewährleisten. So gilt für das frei lebende Tier, in einem sicheren, klar strukturierten Sozialverband zu leben und Situationen und Umstände kennen und abschätzen zu lernen, um Kausalitäten herstellen zu können. Im Wesentlichen ist dies für unsere Haushunde analog zu sehen.

Um eine bessere Abgrenzung zu ermöglichen, schauen wir uns zunächst einige Definitionen an.

5.1 Unsicherheit

Einiges an Verhalten, das oft in den Angsttopf geschmissen wird. Es ist *keine* Angst, wenn ein Hund in unbekannten Situationen vorsichtig, zurückhaltend oder zögerlich ist, dies ist lediglich ein Persönlichkeitsmerkmal, das auf den B-Typ (siehe Kapitel Persönlichkeitsmerkmale, Seite 32) zurückgeht.

Unsicherheit kann auch eine mögliche Zurückhaltung auf eine vielleicht gefährliche Situation sein. Daraus kann aber auch Angst werden, nämlich dann, wenn man in solchen Situationen mehrfach unangenehme Erfahrungen macht.
Ein unsicherer Hund ist aber immer noch uneingeschränkt handlungsfähig. Sein Verhalten, sein Ausdruck zeigen zwar, dass er sich nicht ganz wohlfühlt, er ist aber in jeder Situation noch in der Lage kompetent zu handeln und das seiner Meinung nach Richtige zu tun. Kommt es aber mehrfach zu unangenehmen Erfahrungen, kann tatsächlich aus Unsicherheit Angst und Furcht entstehen.

5.2 Furcht

Furcht bezieht sich auf etwas ganz Konkretes: Es gibt eine Ursache, einen konkreten Reiz, die beziehungsweise den man auch durch konkrete Maßnahmen bekämpfen oder dem man sich entziehen kann, sei es durch Davonrennen oder Kämpfen. In jedem Fall wird das aktive Stresssystem die Steuerung übernehmen und im Körper die Oberhand bekommen.

Eine finnische Untersuchung (Salonen et al., 2022) *lässt auf Basis von über 11.300 Hunden klare Zusammenhänge erkennen. Die Persönlichkeitseigenschaft »Unsicherheit« korreliert nicht nur deutlich mit verschiedenen Angst- und Furchtproblemen, sondern auch mit mangelndem Trainingsfokus, was das Autoren-Team als mangelnde Gewissenhaftigkeit im Sinne des Fünf-Achsen-Modells* (siehe auch Seite 35) *übersetzt. Auch ein klarer Zusammenhang von furchtsamem Verhalten und verschiedenen Aggressionsthemen wurde deutlich.*

5.3 Angst

Angst ist unbestimmt, man hat die Erwartung, dass etwas Schlimmes passieren könnte, jedoch ohne zu wissen wo, wie und wann. Angst kann zu einer Lähmung des gesamten Verhaltens führen. Ein Hund in akuter Angst kann nicht mehr reagieren und auch nur sehr eingeschränkt bis gar nicht auf die Kommunikation seines Menschen ansprechen.

Das aktive Stresssystem lässt den Hund in einer brenzligen Situation zum Beispiel flüchten.

5.4 Phobie

Aus konkreter Furcht kann eine Phobie werden, wenn schon die geringsten, unverhältnismäßig kleinen auslösenden Reize zu einer völlig überzogenen Reaktion führen. So wurde im Seminar eines Tages von einem Hund berichtet, bei dem sich die von vielen Hunden gezeigte Furcht vor Heißluftballons mit der Zeit so stark steigerte, dass er beim Spaziergehen an jedem Balkon mit Satellitenschüssel und an jeder kugelförmigen Straßenlaterne völlig erstarrte. Jeder runde Gegenstand über Kopfhöhe war bereits Auslöser für diese völlig überzogene Reaktion.

Bei einer phobischen Reaktion wird die Ansprechbarkeit auf Außenreize, auch sozialer Art, deutlich vermindert oder gar ausgeschaltet. Karen Overall, die bekannte amerikanische Verhaltenstierärztin, weist auf neurobiologischer Grundlage darauf hin, dass beim Vorliegen einer Phobie dringend eine Behandlung erfolgen muss, da es andernfalls zu schweren Schäden im Gehirn kommen kann (Näheres siehe Gansloßer, 2023).

5.5 Panik

Eine übersteigerte Angstreaktion kann zu Panik führen. Panikattacken gekoppelt mit den körperlichen Symptomen wie Hecheln, erhöhter Herztätigkeit, Schweißabsonderung (beim Hund überwiegend über die Pfoten), Speichelfluss etc. könnte so schlimm werden, dass eines Tages nicht mehr die Angst vor der auslösenden Situation, sondern die Angst vor dem nächsten Angst- und Panikanfall die dominante Komponente in der Entstehung dieser Anfälle wird. Diese generalisierten Panikattacken sind ebenso wie die Angstzustände an sich eine schwer zu therapierende Erscheinung.

Auch hier ein wichtiger Hinweis von Karen Overall: Es gibt keine statistischen Hinweise darauf, dass »Verwöhnen« (im englischen Original spricht sie von *spoiling*) eines Hundes die Gefahr einer Panik verstärkt!

In diesem Zusammenhang sinnvoll und hilfreich ist noch eine weitere Definition nach Dehasse (2002): »**Pathologisch** ist ein Verhalten, das die Kapazität der Anpassung verloren hat. Es ist im Allgemeinen erstarrt, versteinert, rigide, verknöchert. Die Lernfähigkeit ist stark vermindert. Das Tier, das an einer Verhaltenspathologie leidet, hat Schwierigkeiten mit seiner Umwelt zu interagieren und das pathologische Verhalten wirkt sich auf die normalen sozialen Aktivitäten aus.«

Präzisierend lässt sich zusammenfassen: Furcht richtet sich ***gegen*** etwas, was man erkennen kann und aktiviert das Adrenalin-Noradrenalin-System. Angst ist auf ***nicht*** greifbare allgemeine, unspezifische Empfindungen von Gefahr und Bedrohung ausgerichtet und aktiviert daher das Cortisolsystem.

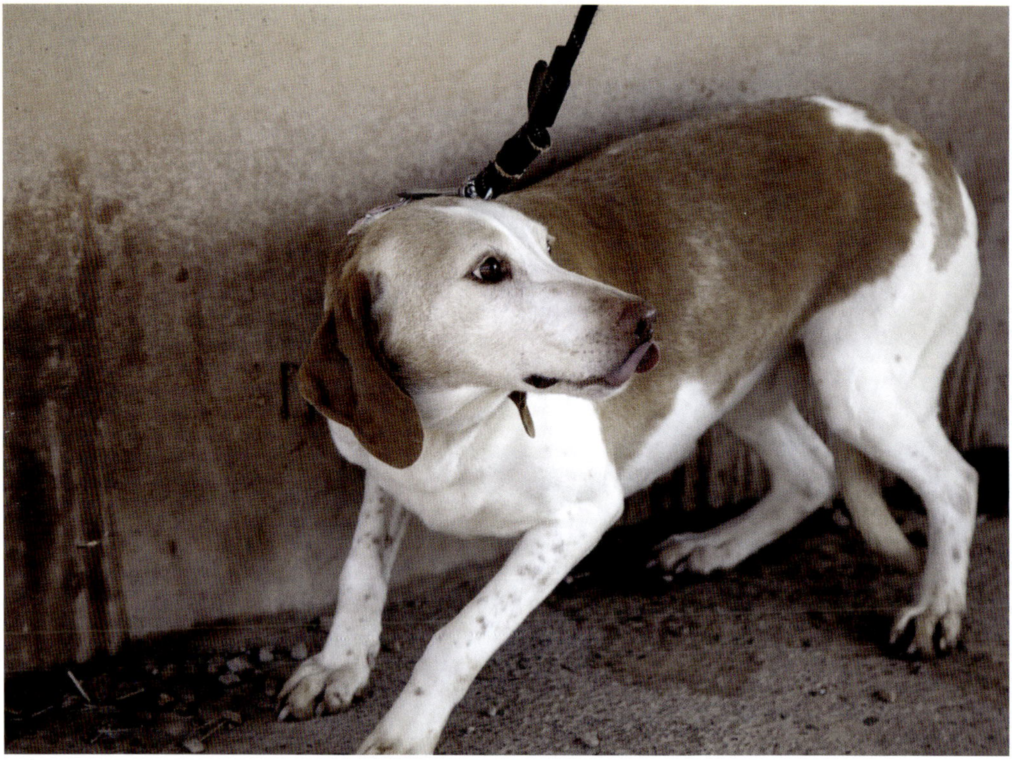

Furcht richtet sich gegen etwas, was man erkennen kann, Angst hingegen auf nicht greifbare, allgemeine Empfindungen von Gefahr.

5.6 Trauma

Auch das Thema Trauma und die nachfolgend mögliche posttraumatische Belastungsstörung können durchaus bei Hunden bedeutsam werden. Traumatisierende Einflüsse können auch in verschiedenen Stadien der Welpen- und Junghundentwicklung eintreten. Wie bei allen Traumata, auch menschlichen, ist die Grundvoraussetzung dafür das Gefühl eines Ausgeliefertseins, des Nicht-Reagieren-Könnens, einer nicht zu bewältigenden Lebens- oder Verletzungsgefahr. Die Frage der Resilienz ist gerade bei der Traumabewältigung oder auch Traumaentstehung ausgesprochen wichtig. In der menschlichen Traumaforschung werden mittlerweile die unterschiedlichen Entwicklungsabschnitte in der Gehirnentwicklung mit der Wahrscheinlichkeit des Auftretens von posttraumatischen Störungen und deren Symptomatik in Zusammenhang gebracht (Näheres siehe Ganslоßer, 2023).

Wieder nach Karen Overall zeichnet sich die posttraumatische Belastungsstörung auch bei Hunden dadurch aus, dass ein Reiz, der an eine frühere Situation erinnert, mit nahezu den gleichen Verhaltens- oder physiologischen Reaktionen beantwortet wird wie die Ausgangssituation. Es kann zu einer erhöhten Bewegungsaktivität oder auch zu weitestgehendem Bewegungsverlust führen; eine verringerte Ansprechbarkeit auf Schmerz oder soziale Reize ist zu beobachten. Auch beim Hund können die verschiedenen Elemente des Gedächtnisses (Ortsgedächtnis,

Sinneseindrücke, emotionale Erinnerung) dissoziieren, sodass nur eine dieser Reaktionen noch stattfindet. Der Hund kommt alleine nicht durch die Situation, die Reaktivität wird sich im Laufe der Zeit weiter steigern. Gerade hier kommt es darauf an, dass die notwendigen Botenstoffe im Nervensystem, die notwendigen Nervenwachstumsfaktoren als Voraussetzung des Lernprozesses gebildet werden und dadurch auch eine Reparatur stattfinden kann. Die »Da muss er durch«-Maßnahme ist also hier das Falscheste, was man denken und tun kann!

»Da muss er durch!« war gestern. Heute müssen (!) mehr Verständnis und Fingerspitzengefühl erwartet werden können!

5.7 Neophobie

Eine aggressive oder furchtsame Ablehnung neuartiger Situationen und Reize kann zu angstbezogenem Verhalten werden. Zunächst ist auch Neophobie nicht nur ein Persönlichkeitsmerkmal, sondern, wie beispielsweise Kurt Kotrschal (2024) betont, ein gemeinsames Erbe, das Menschen und auch Wölfe als Vorfahren der Hunde von ihren eigenen Vorfahren übernommen haben. Die Überwindung dieser Neophobie ist bei uns Menschen eine wesentliche Voraussetzung für das Ausbilden unserer Massengesellschaft und unser möglichst reibungsarmes Zusammenleben in der heutigen Zeit. Wie Kurt Kotrschal betont, müssen wir bei unseren Hunden eben durch Erziehung und Sozialisationsprozesse das versuchen zu erreichen, was der Mensch hoffentlich mithilfe seiner kognitiven Leistungen gewissermaßen verstandesmäßig hinbekommt.

Kommt es beim Hund zu lang anhaltenden und vor allem nicht mehr abgestuften Reaktionen auf neue Situationen oder unbekannte Objekte und Umstände, dann kommt es auch hier zu einer Erregung des sympathischen Nervensystems und eine krankhafte Störung kann sich daraus entwickeln. Karen Overall betont, dass Hunde mit Neophobie als Krankheitsbild keinerlei Anpassung und auch keine Desensibilisierung mit zunehmender Zeit und/oder Intensität der Reizaussetzung zeigen. Dementsprechend ist dieses Krankheitsbild auch deutlich zu unterscheiden von einer normalen Vorsicht, mit der Welpen und Junghunde oder Hunde nach einem Lebensraumwechsel unbekannte Situationen langsam und bedächtig erkundigen.

6 Persönlichkeitsmerkmale

Die Existenz von individuellen Persönlichkeitstypen, die bei sehr vielen anderen Tierarten ebenfalls bereits bestätigt wurde, ist in einer Reihe einschlägiger Untersuchungen auch für den Hund belegt. Im Zusammenhang mit der Thematik unseres Buches sind hier einige wichtige Merkmale und Typen zu nennen:

- Zunächst gibt es die beiden oft als Grundpersönlichkeiten oder auch Supereigenschaften bezeichneten Typen. Das sind der scheue und zurückhaltende, als B-Typ oder reaktiv benannte, und der wagemutige, kühne, auch als proaktiv oder A-Typ bezeichnete Typ. Die beiden unterscheiden sich nicht nur im Zusammenhang mit ihrer Verhaltensreaktion, sondern auch im Zusammenhang mit den unterschiedlichen Aktivierungen von Stresshormonsystemen unter Dauerbelastung. Der B-Typ, der überwiegend seine länger andauernden Belastungen mit der Aktivierung der Nebennierenrinden-Achse zu kompensieren sucht, neigt dabei durch die Ausschüttung des Stresshormons Cortisol und verwandter Substanzen auch u.a. zur Immunschwäche, zu Muskelabbau, Stoffwechselkrankheiten wie Diabetes und infolgedessen auch zu verstärkter Anfälligkeit für Infektionen, Parasiten und Tumorbildung.

  Der proaktive A-Typ dagegen, der auch im Falle lang anhaltender Dauerbelastung eher die Nebennierenmarkshormone Adrenalin und Noradrenalin ausschüttet, tendiert nicht nur in Verhaltensreaktionen zu einer Angriffs- oder Fluchtmotivation, sondern infolgedessen zu Herz-Kreislauferkrankungen, Gefäßverschlusserscheinungen usw.

Ökologische Untersuchungen an einer ganzen Reihe von Tierarten zeigen, dass besonders in gefährlichen, unübersichtlichen, schwierig zu bewältigenden und unvorhersagbaren Lebensräumen vorwiegend B-Typen entstehen. Eine erste Auswertung von circa 120 Fragebögen aus der Beratungspraxis durch Britta Strüwe zeigt genau das Gleiche: Gerade Hunde aus dem östlichen Mittelmeerraum, die oftmals in sehr gefährlichen, instabilen und anderweitig unübersichtlichen Verhältnissen gelebt haben, haben einen wesentlich höheren Prozentsatz an reaktiven B-Typen als die Tierschutzhunde aus dem westlichen Mittelmeerraum oder gar aus Mitteleuropa.

- Das in der Humanpsychologie gebräuchliche Fünf-Achsen-Modell, auch als Fünf-Faktoren-Modell oder als die »Großen Fünf der Persönlichkeitsforschung« benannt (siehe Ganslößer, 2020), beschreibt sozusagen die unter den Supereigenschaften liegende Ebene. Gerade diese wurde ja von Salomon et al. (2022) deutlich mit Unsicherheit und Angst/Furcht korreliert.

- Die Persönlichkeitsachse der Extrovertiertheit, wie eine der fünf Achsen des Fünf-Achsen-Modells bezeichnet wird, deutet an, in welchem Umfang ein Tier aus sich herausgeht, neue Situationen aktiv erkundet oder auch seine derzeitige Emotionslage deutlich nach außen trägt. Vielfach sind gerade verunsicherte bis ängstliche Hunde hier eher auf der introvertierten Seite anzutreffen, das heißt, es ist sehr schwer, ihre emotionale Gestimmtheit und ihren momentanen Zustand zu erkennen. Dies hat, wie im Kapitel über Emotionen zu erfahren ist, durchaus auch einen biologischen Hintergrund.

- Ebenfalls zu den Achsen des Fünf-Achsen-Modells gehört die Achse der emotionalen Stabilität mit dem Gegenpol Neurotizismuss. Neurotizistisch (nicht zu verwechseln mit neurotisch) ist ein Individuum, das leicht aus der Fassung zu bringen ist, sehr schnell die Contenance verliert, sich aber auch sehr launenhaft zeigt und dadurch in seinem Verhalten unberechenbar ist. Emotional stabil dagegen ist jemand, der sich wenig aus der Ruhe bringen lässt. Über die gute beziehungsweise schlechte Laune sagt dies überhaupt nichts aus: Auch wer immer schlecht gelaunt und ärgerlich ist, kann emotional stabil sein. Die Persönlichkeitsachse der emotionalen Stabilität ist wohl u.a. sehr stark von Sozialisierungserfahrungen abhängig. Die als Exekutivfunktionen bezeichneten Fähigkeiten der Großhirnrinde, durch hemmende und dämpfende Verschaltungen auch die Regionen des tiefer liegenden emotionalen Systems im Gehirn in ihrer Aktivität zu beeinflussen, werden nämlich, wie

Eine Vielzahl unterschiedlicher positiver Erfahrungen verfestigen die gute Basis.

Untersuchungen an vielen Tierarten einschließlich des Menschen zeigen, nur durch einschlägige Erfahrungen in der Pubertät wirklich »durchgeschaltet«. Wer in diesem kritischen Zeitraum die Erfahrung macht, dass es sich beispielsweise lohnt, auch mal etwas länger zu warten, eine Handlung noch mal zu überdenken und dann etwas überlegter zu handeln, wird diese Funktionen auch im Laufe seines weiteren Lebens immer mehr verbessern. Wer in diesem Alter die Erfahrung macht, dass es sich ohnehin nicht lohnt, nachzudenken, weil man sowieso keine Chance hat seine Umwelt im eigenen Sinne zu beeinflussen, bei dem werden diese Exekutivfunktionen schwach oder gar nicht vorhanden sein. Und das zeigt sich dann eben u.a. auch in einer höheren emotionalen Instabilität später im Leben.

Die Umwelteinflüsse auf die Entwicklung von Exekutivfunktionen bei Hunden wurden von einem Autorinnenteam um Maike Foraita (2021) herausgearbeitet. Zunächst zeigen die Autorinnen, dass neben der gerade besprochenen Selbstbeherrschung noch eine ganze Reihe von weiteren kognitiven Eigenschaften zu den Exekutivfunktionen gehören. Auch die Fähigkeit der Kommunikation mit dem Menschen, das Kurzzeitgedächtnis und die Fähigkeit zur Kombination von unabhängig auftretenden Außenreizen zu einem »Gesamtbild der Lage« gehören dazu. Neben der bereits erwähnten Beförderung der Exekutivfunktionen durch eine erfahrungsreiche, Selbstbestimmtheit ermöglichende und reizangereicherte Umwelt wurde noch ein weiterer, besonders wichtiger Charakterzug von der betreffenden Übersichtsarbeit betont: Hunde, die ihre ersten Lebensmonate bis ins zweite Lebensjahr hinein überwiegend oder ausschließlich im Zwinger verbringen mussten, weisen schlechtere Exekutivfunktionen auf als Artgenossen, die mit Familienanschluss aufwachsen durften. Dass dies auch gefährlich werden könnte, zeigt beispielsweise die immer wieder zitierte Studie von Anousch Haverbeke aus der Militärdiensthundezucht in Belgien: Die dortigen Hunde, meist Malinois, die vor der eigentlichen Ausbildung bereits mit Familienanschluss bei ihren zukünftigen Hundeführerinnen und Hundeführern gelebt haben, haben lebenslang ein geringeres Risiko, in der eigenen Familie einen Beißvorfall zu provozieren. Letztlich ist ein solches Beißen gegenüber eigenen Familienmitgliedern ein Stück weit durch eine verringerte Exekutivfunktion erklärlich.

Gerade eine Kastration vor oder während der Pubertät hat, wie auch Untersuchungen in unserer eigenen Arbeitsgruppe zeigen, negative Auswirkungen auf die emotionale Stabilität. Wir werden später zu diesem Thema noch einmal zurückkehren. Eine im Jahre 2020 veröffentlichte Untersuchung eines finnischen Teams (Puurunen et al., 2020) zeigte deutlich, dass zum Beispiel soziale Furchtsamkeit mit mehreren Faktoren inklusive der Aufzucht in einer städtischen Umgebung, unregelmäßiger oder gar keiner Teilnahme an Trainings und anderen Aktivitäten, aber auch kleiner Körpergröße, weiblichem Geschlecht und Kastration zusammenhing. Aber auch einige rasseabhängige Faktoren tragen zur sozialen Furchtsamkeit bei.

Katriina Tiira und Hannes Lohi (2015) zeigen Erstaunliches: Hunde, die weniger täglich spazieren geführt wurden beziehungsweise weniger tägliche Beschäftigung hatten, leiden verstärkt an Lärmempfindlichkeit und Trennungsängsten. Dies gilt wiederum vorwiegend für die einschlägigen Erfahrungen in der Welpen- und Junghundzeit.

Laufen, spielen, Spaß – das vertreibt auch schlechte Emotionen.

Naomi Harvey und Co-Autoren (2016) belegen, dass gerade eine Aufzucht in sozial angereicherter Umgebung eine der wichtigsten Präventionsfaktoren gegen die Entstehung von Angst bei Hunden sein kann. Im Alter zwischen zwei und zwölf Monaten wurden die Aufzucht- und Aufwuchsbedingungen einer Reihe von Hunden durch einen Fragebogen abgefragt.

- Die Persönlichkeitsachse »Geselligkeit« müsste eigentlich bei Hunden in zwei Untersysteme unterteilt werden: Wer mit Hunden gesellig und sozial verträglich ist, muss dies nicht mit Menschen sein und umgekehrt. Diese Persönlichkeitsachse ist jedoch ausgesprochen wichtig für die Bewältigung von Angst, Furcht und anderen negativen Emotionen. Nur wer durch hohe Punktwerte auf dieser Skala anzeigt, dass er für soziale Zuwendung und soziale Kontakte empfänglich ist, kann auch mithilfe sozialer Unterstützung die stressdämpfenden Wirkungen einer sozial wohlgeordneten Beziehungslandschaft und gegebenenfalls auch einer im konkreten Stressfall wirkungsvollen Wohlfühlmassage richtig genießen. Neuere Untersuchungen auch an Hunden lassen erkennen, dass die Aktivität auf dieser Persönlichkeitsachse einerseits von genetischen Faktoren abhängig, andererseits jedoch auch durch Sozialisierungserfahrungen veränderbar ist. Letztlich spielen auch hier epigenetische Mechanismen mit, denn die für die soziale Unterstützung verantwortlichen Oxytocinrezeptoren werden in unterschiedlicher Menge produziert, je nachdem in welchen sozialen Verhältnissen der Hund aufgewachsen ist.

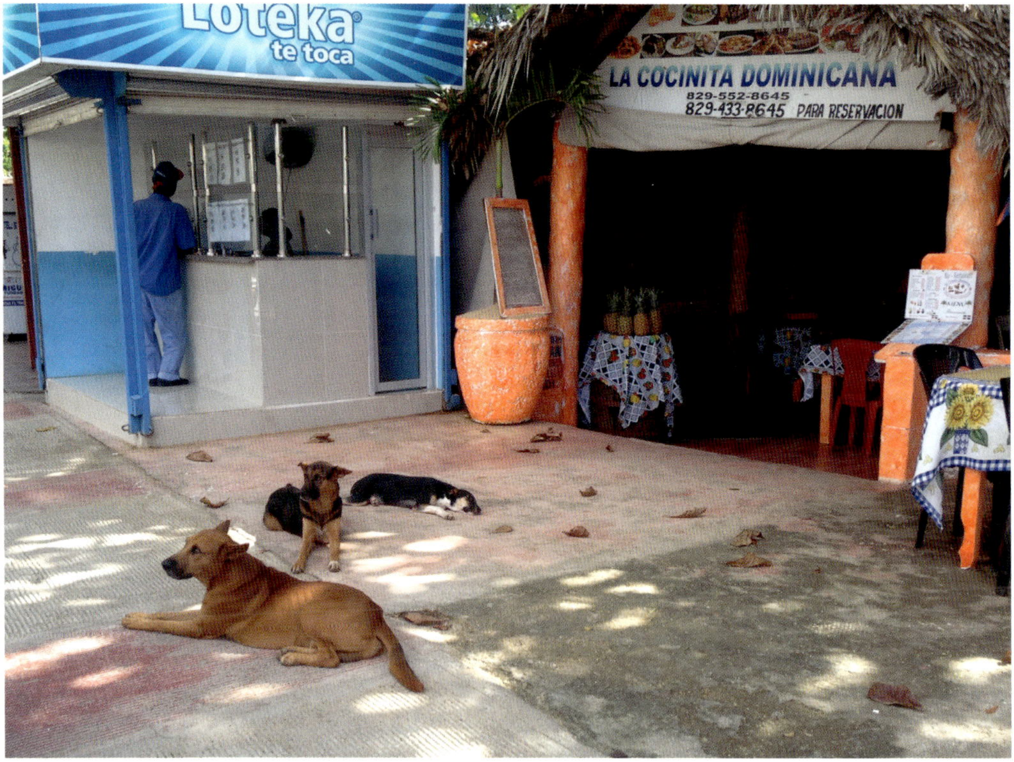

Heimat ist das, was man gewöhnt ist.

Letztlich gibt es auch noch Persönlichkeitsachsen, die unterhalb der des Fünf-Achsen-Modells angesiedelt sind. Eine wesentliche davon betrifft die im wissenschaftlichen Sprachgebrauch als kognitives Vorurteil, im allgemeinen Sprachgebrauch als Optimismus und Pessimismus bezeichnete Achse. Untersuchungen an Hunden haben gezeigt, dass pessimistische Hunde mehr zu Trennungsstörungen, Angstproblemen und anderen Verhaltensveränderungen neigen als optimistische Hunde. Getestet wurde dies im Labor dadurch, dass man den Hunden zwei Futterschüsseln abwechselnd links oder rechts im Raum präsentierte, wobei auf einer Seite die Futterschüssel immer leer war, auf der anderen immer voll. Sobald die Hunde dies begriffen hatten, wurden die Schüsseln langsam zur Raummitte hin verschoben. Optimistische Hunde laufen bereits los, wenn die ursprünglich leere Schüssel noch etwas leichter gen Raummitte verschoben wird. Pessimistische Hunde zögern bereits dann deutlich erkennbar länger, wenn die ursprünglich volle Schüssel ein Stückchen weiter zur neutralen Raummitte hin verschoben wurde.

Untersuchungen an Labortieren und Einzeldaten von verschiedenen Tierarten zeigen aber auch, dass pessimistische Individuen überwiegend die Folge von schwierigen, gefährlichen oder anderweitig unübersichtlichen Lebensräumen sind. Optimisten entstehen vorwiegend in der stabilen, planbaren und vorhersagbaren Umgebung, in der man sich eben auch darauf verlassen kann, seine Umwelt gut zu kennen und sich dementsprechend darauf einzurichten.

7 Die Bedeutung von Reizen

Im Laufe eines Hundelebens gibt es eine Vielzahl von Umständen und Situationen, die Furcht, Angst (und deren Steigerung) auslösen können. Berücksichtigen wir die gegebenen Definitionen, so ist Dreh- und Angelpunkt der gesamten Misere oft eine unzureichende und/oder fehlgeschlagene Gewöhnung an Reize und Reizsituationen. Zum Glück gibt es heutzutage eine Vielzahl von Veröffentlichungen, die die Notwendigkeit einer umfassenden Prägung des Welpen und des jungen Hundes darlegen. Wer noch immer der Meinung ist, dass ein Hundekind halt »irgendwie« groß wird, durchaus im Keller oder Stall seine ersten Lebensmonate verbringen kann, der versperrt Augen und Ohren vor allen Erkenntnissen und macht sich schuldig an der Seele des Hundes, aber auch an allen Menschen, die in Zukunft mit diesem Hund und seinen Problemen in Kontakt kommen. Ein Aufwachsen in reizloser oder -armer Umgebung zieht das nach sich, was die Wissenschaft unter dem Begriff »Deprivationsschäden« zusammenfasst. Gemeint sind hiermit Entwicklungsstörungen, die auf Erfahrungsentzug basieren. Die Auswirkungen derartiger Deprivationen sind mannigfaltig, äußern sich aber auch in übersteigerter Angst und gegebenenfalls daraus resultierender Aggression. »Ängstliche Hunde erleben ihre Umwelt immer wieder bedrohlich, es sei denn, sie sind noch in der Lage, Bewältigungsstrategien zu erlernen.« (Feddersen-Petersen, 2004, S. 257)

Welpen müssen so viel wie möglich kennenlernen sowie altersgerecht gefordert und gefördert werden, um bestmöglich auf das Leben vorbereitet zu werden.

Dehasse (2002) spricht in seiner Definition vom »unbekannten Reiz«, was den Lösungsansatz beinhaltet: Reize müssen kennengelernt und verarbeitet werden können! Auch Coppinger (2001) betont die enorme Gewichtung auf (altersangemessene!) Reizkonfrontation und erklärt, dass Reize notwendig sind, um die neuronalen Anlagen bestmöglich zu fordern und zu fördern. Die Reizübertragung beruht auf der Synapsenbildung, welche zu 80 Prozent nach der 16. Lebenswoche abgeschlossen ist. Die beteiligten Hirnregionen sind weit über das Gehirn verstreut.

So ist beispielsweise der Schläfenlappen nachweislich bei Paniksteuerung wie bei nicht pathologischen Angstanfällen stark beteiligt. Dies gilt nachweislich auch für Hunde. Im präfrontalen Kortex, also im vordersten Teil des Stirnhirns, sind offensichtlich nicht nur die verstandesmäßigen Reaktionen, sondern auch die emotionalen Funktionen mit angesiedelt. Die Reifung dieses präfrontalen Kortex erfolgt bei allen höheren Säugetieren erst nach der Geburt. Beim Menschen dauert dies etwa sieben bis zwölf Monate, beim Hund dürfte es im Bereich der sechsten bis zwölften Lebenswoche passieren. Damit im Einklang steht der Fakt, dass bei Hunden Reize, die innerhalb der ersten zwölf Wochen schon präsentiert wurden, im späteren Leben kaum generalisierte Angst, phobische oder Panikreaktionen auslösen. Die Reifung des präfrontalen Kortex ist beim Menschen deutlich gekoppelt mit dem Entstehen des Fremdelns. Wenn wir diesen Befund auf Hunde übertragen, wäre etwa die 14. bis 16. Woche das Ende dieses Reifungsprozesses. Daneben sind eine Reihe von Teilen des limbischen Systems, also der im weiteren Sinne als Emotionsgehirn bezeichnete Gehirnteil, mit der Entstehung von Angst, Furcht und Panikstörungen befasst.

In der Zeit bis circa zur zwölften Lebenswoche werden nicht nur die Verknüpfungen der Nervenbahnen und Nervenzellen im Gehirn gebahnt, sondern auch die Hilfszellen des Gehirns, die beispielsweise für die Ernährung und Isolierung von Nervenfasern etc. verantwortlich sind, werden bis zu diesem Altersabschnitt gebildet. Gerade diese Hilfszellen (Gliazellen, u.a. zur Ernährung, und Schwannsche Zellen als Umhüllung der Nervenfasern) sind sogar kurzfristig situativ verlagerbar und für spätere Lern- und Lenkprozesse sehr wichtig.

Eine zweite sensible Phase liegt im Zeitraum zwischen dem sechsten und neunten Lebensmonat. In diesem Zeitraum müssen alle prägenden und sozialisierenden Einflüsse nochmals wiederholt werden. In der Entwicklung der Welpen kann man etwa aber der fünften Lebenswoche die ersten negativen Reaktionen auf unbekannte oder gar unangenehme Umweltreize feststellen. Es lässt sich also vermuten, dass die mit der Entstehung von Furcht, Angst und Unsicherheit befassten Zentren des Gehirns in diesem Alter die Arbeit weitgehend aufgenommen haben. Nachgewiesen ist, dass das Adrenalin-Noradrenalin-System circa ab der fünften Lebenswoche auch bei verschiedenen Welpen in unterschiedlich starker Weise agiert.

All diesen Fakten muss ein Züchter in der Aufzucht von Hundewelpen Berücksichtigung schenken! Auch der Hundehalter, der seinen Welpen im Alter von neun bis zwölf Wochen übernimmt, sollte die – hoffentlich erfolgten – Bemühungen des Züchters entsprechend weiter fördern und fordern. Eine altersangepasste und welpengerechte Konfrontation mit verschiedensten optischen, akustischen, taktilen und olfaktorischen Reizen muss erfolgen, um eine bestmögliche Vorbereitung auf das Leben zu gestalten. Außerdem sollte der Hund ausreichend Gelegenheit erhalten, in ruhiger, entspannter Atmosphäre die unterschiedlichsten bewegten und unbewegten Objekte kennenzulernen, Menschen und Tiere erleben zu dürfen und sein Kommunikationsrepertoire im positiv gestalteten Umgang mit Artgenossen schulen und erproben zu können.

Fallbeispiel: Die ersten Tage mit unserem Podenco-Mix-Welpen Gerald

Unser Podenco-Mix Gerald kommt ursprünglich aus Mallorca. Dort lebte er zusammen mit seinen drei Geschwistern und seiner Mutter in einer völlig zugemüllten Messie-Wohnung, aus welcher ihn örtliche Tierschützer retteten. Bailey, wie Gerald anfangs vom Tierschutz genannt wurde, war offenbar zwei Monate in einem Raum eingesperrt gewesen. Keine Sonne, kein Gras, keine frische Luft. Es wurde berichtet, die Hunde hätten nichts zu fressen bekommen, seine Mutter hatte wohl überhaupt keine Kraft mehr gehabt, ihre Kleinen zu säugen.

Die Tiere wurden dort herausgeholt und man päppelte sie auf, impfte und chippte sie. Dann stellte die Tierschutzorganisation die Vierbeiner auf ihre Internetseite, damit sie gute Familien finden würden.
Nach über langen zehn Jahren der grundsätzlichen Überlegung, ob ich mir einen Hund hole oder nicht, waren es genau Geralds alias Baileys Augen, die mich die angegebene Telefonnummer anrufen ließen. Er war nun für mich reserviert. Ich hatte es getan, ich hatte mir einen Hund »bestellt« – ein lang gehegter Traum wurde wahr. Die Wartezeit bis zum Flugtermin (zwei Wochen) waren für mich unendlich lang. Überlegungen, ob es die richtige Entscheidung war, Zweifel kamen auf.

»Ein Hund aus dem Tierschutz, oh je« war die erste Reaktion der meisten, denen ich es erzählte. Man hört so viel Schlechtes. Unser Tierarzt warnte uns, dass diese Hunde schwierig wären, meist nicht in die richtigen Hände kämen und oft Dauergast bei Tierärzten wären. Gerald kam am 07.07.2012 mit dem Flugzeug in Stuttgart an. Mein Mann und ich sind die 2,5 Stunden hingefahren, um ihn direkt dort abzuholen. Nach stundenlangen Verspätungen sahen wir unser »Häufchen Elend« das erste Mal. Völlig zusammengefallene Ohren, vor Angst zitternd – aber doch auch neugierig, was nun passiert.

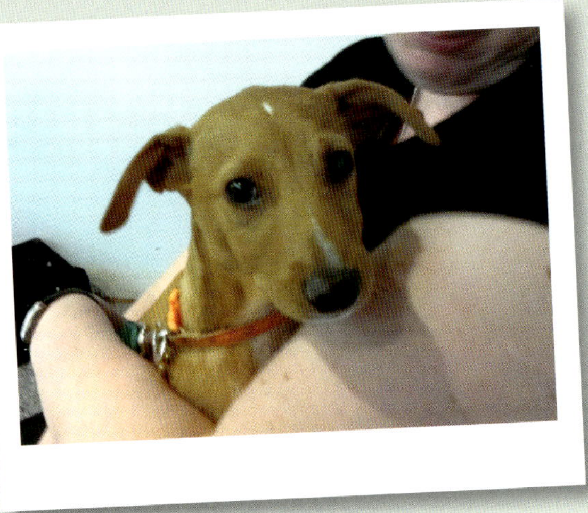

Getrennt von seiner Mama und von zwei seiner Geschwister, hieß es nun auch Abschied von dem letzten Geschwisterchen zu nehmen und bei uns völlig fremden Menschen ins Auto zu steigen. Nun konnte ich Gerald das erste Mal in die Arme schließen und ich wusste, es war die richtige Entscheidung!
Gerald kannte unsere Sprache nicht, kannte keine Autos, diese lauten Geräusche am Flughafen. Ich habe ihn die ganze Zeit fest an mich gedrückt, wie wir nach draußen zum Auto gelaufen sind.

(Anmerkung der Autoren: *Gerade durch langen, intensiven Körper- und speziell Hautkontakt wird die Produktion des stressdämpfend wirkenden Oxytocins merklich gesteigert. Selbst Fremdpersonen, zu denen noch keine Bindung besteht, können hier bereits Wirkung erzielen.*)

Ihm gab es Schutz und mir die Sicherheit, dass mir diesen Schatz niemand mehr abnehmen wird. Wir haben ihn ins Gras gesetzt, in dem Glauben, dass er nach der langen Reise erst einmal Pipi würde machen müssen. Doch der kleine Kerl war so schockiert, dass er gar nichts machte. Also haben wir ihn in eine Autobox gesteckt und sind wieder die 2,5 Stunden Richtung Heimat gefahren. Unterwegs auf einem Rastplatz haben wir dann noch einmal versucht, ihn sich lösen zu lassen. Doch auch diesmal ohne Erfolg.

(Anmerkung der Autoren: *Gerade sehr unsichere und junge Hunde setzen oft im Außenrevier oder unbekanntem Gebiet weder Kot noch Urin ab. Es würden ja sonst potenzielle Gegner und Feinde über ihre Anwesenheit informiert werden.*)
Wieder in seiner Kiste, fühlte er sich dann wohl doch schon etwas heimisch – und machte lieber in die Box als sich draußen zu erleichtern. Dieses Verhalten hat uns noch lange begleitet.

Zuhause haben wir ihn vorerst abgeschirmt von Fremden, auch von der Familie. Selbst mein Mann war tagsüber arbeiten und ich somit ganz alleine mit Gerald. Ich habe ihn so viel geschmust, gehalten und gespielt wie nur möglich. Er war die ganze Zeit bei mir und er versuchte Vertrauen aufzubauen, aber es war unheimlich schwer für ihn, über seinen Schatten zu springen. Wir waren viel spazieren, viel an der frischen Luft. Gerald tat es gut, er entspannte dann. Sein Geschäft machte er allerdings immer noch nicht draußen. Selbst nach großen Waldspaziergängen, war er dann immer wieder froh, endlich wieder durch die Tür nach drinnen zu kommen, damit er endlich Pipi machen konnte. Er kannte einfach kein Gras und verstand nicht, dass man dahin macht. Er kannte es nur in Räumen. Es dauerte sehr, sehr lange, bis wir ihm dieses Vertrauen geben konnten, dass er sich auch draußen löste. Sobald man ihn versuchte zu loben, zu streicheln oder ganz und gar Leckerchen als Belohnung zu geben, machte Gerald dicht.

Jeder Regentropfen, jede Windbö, jedes Hundegebell aus weiter Ferne, und er hörte entweder mittendrin auf oder machte wieder zwei Tage lang in die Wohnung. Irgendwann habe ich begriffen, dass es für Gerald zwar ein Lob darstellte, wenn ich mit hoher Stimme »Fein!« sagte, aber ich durfte ihn dabei nicht ansehen. Am besten drehte ich ihm den Rücken zu.

In der Hundeschule oder vielmehr in den acht Hundeschulen, aus denen wir (entweder wegen Gerald oder wegen mir) rausgeflogen sind, hat man immer nur den Umgang mit den »normalen« Angsthunden erklärt bekommen. Aber niemand sagt einem, dass ein Podenco noch mal ein ganzes Stück anderer Natur ist als ein anderer Hund. Selbst das einfache Apportieren musste ich mit Gerald komplett anders erlernen als alle anderen in den Schulen.
(Anmerkung der Autoren: *Hier ist wahrscheinlich sogar ein rassebedingter Faktor unabhängig vom Angstfaktor zu sehen. Schmal- und langschnauzige Hunde haben eine andere Anatomie der Netzhaut und des Sehzentrums im Gehirn, was u.a. auch ihr räumliches Sehen, wahrscheinlich aber auch das Verständnis menschlicher Zeigegesten beeinflusst.*)

Gerald ist in vielen Situationen – ich möchte fast meinen wie ein Autist – in seiner eigenen Welt. Nicht abrufbar und völlig verträumt, kann er Schmetterlingen zuschauen, Vögel im Wind beobachten, Flugzeuge vorbeifliegen sehen. Ein anderes Mal wieder ist er super folgsam, ansprechbar, lernbegierig, beherrscht die tollsten Tricks, die andere Hunde nie lernen werden. Dann macht er alles mit: Er fährt Aufzug, Seilbahn, hat keine Höhenangst mehr, läuft über jede Brücke, kann schwimmen, neben dem Rad laufen oder klettern.

Gerald ist einfach ein ganz besonderer Hund und ich bin stolz sagen zu können, dass er mein Hund ist! Ich kann nicht sagen, warum es irgendwann zwischen Gerald und mir »Klick« gemacht hat, aber ich weiß genau wann. Nämlich am 24.12.2013, da ist Gerald nämlich an mein Bett gekommen und hat Bescheid gesagt, dass er raus möchte. Draußen hat er brav sein Geschäft gemacht und kam dann zum Kuscheln ins Bett (was er bis dato noch nie gemacht hatte und nicht wollte). Mit sehr viel Geduld, Liebe, Liebe, Liebe, und nochmals Liebe und Geduld kann auch ein Angsthund ein weitestgehend normales Leben zu führen lernen.

Schmal- und langschnauzige Hunde haben eine andere Anatomie der Netzhaut und des Sehzentrums im Gehirn, was u.a. auch ihr räumliches Sehen beeinflusst.

8 Angst als Erbe

Obwohl man heute weiß, dass viel weniger genetisches Erbe in der Individualentwicklung steckt als noch vor einigen Jahren angenommen wurde und die Wissenschaft deshalb vom »postgenomischen Zeitalter« spricht, so ist doch gesichert, dass gerade Unsicherheit und Angst Eigenschaften sind, die einen sehr hohen Grad an Weitergabe zwischen den Generationen besitzen. Mittlerweile gibt es, entsprechend der zunehmenden Anzahl molekularbiologischer Studien auch über Verhaltenseigenschaften von Hunden, hier weitergehende Untersuchungen. So hat ein finnisches Autorenteam (Sarviaho et al., 2019) in einer Untersuchungsgruppe von 330 deutschen Schäferhunden für zwei besondere Angst- oder Furchtprobleme (Geräuschempfindlichkeit und Neophobie) zwei Genorte auf zwei verschiedenen Chromosomen gefunden, die für diese beiden übermäßigen Empfindlichkeiten deutliche Korrelationen aufweisen. Bemerkenswerterweise decken sich diese Regionen mit zwei auch aus der Humanpsychiatrie bekannten Genorten, die mit dem Glutamat- und dem Dopaminsystem im Gehirn verbunden sind. Der Genort, der die Geräuschempfindlichkeit mit beeinflusst, hat auch Kandidatengene, die mit der Hörfähigkeit verbunden sind.

Isain Zapata und Co-Autoren konnten einige im Erbgut des Haushundes vorhandene Genorte für Furcht und Aggression bei Hunden identifizieren. Zwei Genorte, die auch mit kleiner Körpergröße verbunden sind (IGF1 und HMGA2) sind mit Trennungsangst, Berührungsempfindlichkeit und verschiedenen Aggressionen verbunden. Zwei andere Genorte lassen sich mit nicht sozialer Furcht, Berührungsempfindlichkeit und furchtbetonter Aggression gegen unbekannte Hunde und Menschen verbinden. Wiederum eine andere, aus der finnischen Gruppe (Sarviaho et al., 2020) stammende Untersuchung an 124 deutschen Doggen mit und ohne Furchtproblemen lokalisiert einen Genort auf dem Chromosom 11. Dieser Genort ist mit den Aktivitäten des Hippocampus verbunden, einer wichtigen Schaltstelle in der Kontrolle des Verhaltens zwischen Emotionen, Gedächtnis und Motivation. Auch dieser Genort lässt sich mit verstärkter oder übermäßiger Ängstlichkeit in Verbindung bringen.

Gerade das Forschungsfeld der Epigenetik wird hierzu noch viele spannende Erkenntnisse für uns parat halten. Man darf gespannt in die Zukunft blicken. Am Beispiel von Mäusen belegten Forscher, dass Erfahrungen an Nachkommen weitergegeben werden. Hier ging es speziell um einen Geruch, der Gefahr signalisierte. Brian Dias und Kerry Ressler, Atlanta/Georgia, verabreichten 2014 Mäusen einen kleinen Elektroschock, wenn sie dem Duft von Kirschblüten ausgesetzt waren. Erst danach kamen die Tiere zur Fortpflanzung. Bis in die Enkelgeneration hielt sich das angstvolle Verhalten, wenn der Duft auftauchte. Die gemachten Erfahrungen und das Erleben von Angst hatten u.a. die Umgebung des Erbguts in den Samenzellen derart verändert, dass das Angstempfinden bei der Wahrnehmung von Kirschblütenduft weitergegeben wurde. Auch die Struktur bestimmter Hirnregionen, die sich mit der Verarbeitung von Gerüchen beschäftigen, war verändert. Selbst künstliche Befruchtung eines stabilen Muttertiers mit dem Sperma eines Vaters mit Duftangst erbrachte Nachkommen, die ängstlich auf den Kirschblütenduft reagierten. (Quelle: http://www.spiegel.de/wissenschaft/natur/epigenetik-maeuse-vererben-schlechte-erinnerungen-a-936692.html)

Derartige Forschungsergebnisse lassen viel weiterreichendere Überlegungen zu, wenn es grundsätzlich um die individuelle Persönlichkeitsentwicklung, aber speziell auch um die Entstehung von Angstproblematiken und posttraumatischen Belastungsstörungen geht. Und es wird auch (noch) deutlich(er), dass wir im Zusammenhang mit Tierschutz und Tierschutzhunden viel umfassender das Herkunftsumfeld des jeweiligen Hundes, seine möglichen Erfahrungen und seine durchgestandenen Erlebnisse – so weit nachvollziehbar – berücksichtigen müssen. Und das offenbar über Generationen ...
»Weil die epigenetischen Steuersignale auf Umwelteinflüsse reagieren, sind sie eine Art Gedächtnis der Zelle. Und hier kommt die Angst ins Spiel: Ein Trauma löst nicht nur Stress im Körper aus. Wenn es sehr heftig ist oder sich wiederholt, kann es auch die Epigenetik der Gehirnzellen verändern, die das Stresssystem steuern.« (Spork, *Bild der Wissenschaft*, 2-2016, S. 17) Der Einfluss des mütterlichen Verhaltens, vor allem in den ersten Lebenstagen und Wochen, hat hier eine ganz entscheidende Funktion. Laboruntersuchungen an Ratten, wie sie beispielsweise in der Arbeitsgruppe von Michael Meaney (zusammengefasst zum Beispiel von Meaney, 2010) durchgeführt wurden, zeigen, dass eine Mutter, die sich in den ersten Lebenstagen durch intensives Putzen, Pflegen, Belecken und Beknabbern mit ihren Jungtieren intensiv beschäftigt, später nicht nur stressresistentere, sondern auch gesündere, immun kompetentere und allgemein offenere, sozial wie auch umweltorientierte Nachkommen bekommt. Diese Erscheinung wird dann sogar auf die nächsten zwei bis drei Generationen von Töchtern weitergegeben. Gute Mütter bekommen gute Töchter, nicht aus genetischen Gründen (dies wurde durch Kreuzaufzuchtversuche belegt), sondern durch die epigenetische Weitergabe.

In jüngster Zeit hat eine schwedische Forscherin (Pernilla Foyer et al., 2016) ähnliche Untersuchungen an Hündinnen durchführen können: Im Rahmen des Zuchtprogramms für schwedische Militärdiensthunde hat sie das Verhalten von Mutterhündinnen des Deutschen Schäferhundes über die ersten drei Lebenswochen studiert und dann die Testergebnisse der jeweiligen Nachkommen im anderthalb Jahre später stattfindenden Einstellungstest verglichen. Die ehemaligen Welpen einer Mutterhündin, die sich intensiv und kompetent um ihren Nachwuchs gekümmert hatte, schnitten beim Einstellungstest wegen emotionaler Stabilität und psychischer und physischer Leistungsbereitschaft wesentlich besser ab. Weitere Studien und bemerkenswerte Befunde zum Thema der Epigenetik finden sich beispielsweise bei Gansloßer und Krivy (2015).

Gerade im Zusammenhang mit Tierschutz und Tierschutzhunden müssen das Herkunftsumfeld des jeweiligen Hundes, seine möglichen Erfahrungen und durchgestandene Erlebnisse – so weit nachvollziehbar – viel umfassender berücksichtigt werden – und das über Generationen.

9 Physische Entwicklung, psychische Reife und emotionale Stabilität

Das Alter und der individuelle Entwicklungsstand nehmen Einfluss auf die Reizbewertung und Reizbewältigung. Jegliche Entwicklung hat ihre Zeitspanne im Leben jedes Tieres wie auch in dem des Menschen. Unangemessene Konfrontation mit Reizen führt leicht zur Überforderung, was beim Lebewesen zu Stress und Stresssymptomen führt. Stress steht immer im kausalen Zusammenhang mit Hormonen. Die Hormone des Nebennierenmarks – Adrenalin und Noradrenalin – bereiten auf Schwierigkeiten vor, die vom Lebewesen aktiv bewältigt werden müssen: Die Netzhaut wird stärker durchblutet, was zu verstärkter Sehkraft führt.

Wer viel erleben kann und darf, dabei seinen Menschen als »sicheren Hafen« an der Seite weiß, der ist gut für das Leben gerüstet.

Die Herzfrequenz erhöht sich, der Herzschlag wird beschleunigt. Die Blutgerinnungsfähigkeit steigt. Energie wird benötigt und der Zellstoffwechsel wird angeregt. Gegenspieler des Nebennierenmarks sind die Stoffe der Nebennierenrinde, die Glucocorticoide. Eine Erhöhung der Glucocorticoide zieht eine Senkung des Serotoninspiegels nach sich, was zum Beispiel Depressionen verursacht. Anhaltender Stress kann krank machen, das Immunsystem schwächen, zu Hauterkrankungen führen, das Tumorrisiko vergrößern und lässt sogar unter Umständen Diabetes II entstehen.

Gerade in den Zeiten der Welpen- und Junghundentwicklung sind regelmäßige, vor allem im sozialen Zusammenhang auftretende Spielaktivitäten keineswegs nur für die Entwicklung des Persönlichkeitsfaktors Geselligkeit mit Artgenossen (siehe das folgende Beispiel Falco) von Bedeutung. Neuere Untersuchungen zeigen, dass temperamentvolles, körperbetontes soziales Spielen beispielsweise auch einen Nervenwachstumsfaktor namens BDNF (Käufer und Gansloßer, 2020) in besonders hoher Konzentration ins Gehirn schickt. Dieser Nervenwachstumsfaktor ist eindeutig verbunden mit einer besseren Resilienz in späteren Lebenssituationen. Eine höhere Konzentration von BDNF bei Hunden verringert die allgemeine Angstanfälligkeit und speziell auch das Risiko von echten Trennungsstörungen. Die physiologische Wirkung dabei dürfte in einer Zunahme der Zellzahl im bereits erwähnten Hippocampus zu finden sein, der dann eben wiederum ein wesentlicher Teil des Systems von Exekutivfunktionen wird.

Aufgrund der vorangegangenen Ausführungen ist nun vielleicht auch leichter verständlich, dass es Tiere gibt, die zum Zeitpunkt der Pubertät, aber auch Hündinnen bei späteren Läufigkeiten, ängstlicher und unsicherer erscheinen können: Die Veränderungen im Hormonhaushalt wirken sich aus. Sind die Verhaltensänderungen in dieser Zeit sehr schwerwiegend und offensichtlich, so empfiehlt es sich, den Tierarzt gezielt auf diese Problematik anzusprechen und den Hormonstatus bestimmen zu lassen, um eventuelle krankhafte Verhältnisverschiebungen aufzudecken. Die nicht selten angeratene Kastration ist aber nicht das Allheilmittel schlechthin. Häufig bewirkt sie das Gegenteil, weil die angst- und stressdämpfende Wirkung der Sexualhormone wegfällt (siehe auch »Kastration und Angstverhalten«, Seite 59ff).

Fallbeispiel: Falco

Nachdem wir mit dem Tierschutz Rücksprache gehalten hatten, haben wir uns für »Falco« entschieden. Er war hier in Deutschland auf einer Pflegestelle und kam ursprünglich aus Gran Canaria. Er wurde im Alter von circa zwei Monaten zusammen mit seiner Schwester vor einem Tierheim in Spanien ausgesetzt und blieb dort bis zum siebten Monat, dann kam er nach Deutschland.

(Anmerkung der Autoren: *Die Vorgeschichte von Falco zeigt bereits deutlich, dass in seiner Frühsozialisierung und Lebensraum- sowie wohl auch Artgenossenprägung erhebliche Defizite aufgetreten sind. Der Zeitraum zwischen der 8. und 16. Woche ist normalerweise bei Hunden mit einer sehr intensiven Phase von Sozialspiel und anderer, vor allem auf die Wurfgeschwister und gegebenenfalls Babysitter gerichteten entspannten Sozialaktivitäten ausgefüllt. In dieser Zeit wird beispielsweise auch hundliche Kommunikation im Konfliktfall wie Abbruchsignale, Versöhnungsverhalten etc. einstudiert. Auch kann durch das heftige, bisweilen auch überschäumend temperamentvolle Toben und Herumbalgen in dieser Zeit eine förderliche Wirkung auf die Entwicklung der Gehirnstruktur ausgeübt werden.*

Auch die Eigenschaften des Lebensraums, in dem man aufwächst, werden in dieser Zeit gelernt und später als unproblematisch oder zumindest nicht angst- bzw. furchteinlösend abgespeichert. Bekannt ist, dass Reize, die ein Hund bis zur Vollendung der zwölften Lebenswoche als harmlos oder sogar positiv belegt kennenlernt, normalerweise später auch keine Angst, Panik oder konkrete Furcht mehr auslösen. Alles das wurde Falco durch die Umsetzung ins Tierheim und die danach folgende Zeit nicht ermöglicht.)

Wir haben uns sofort in dieses kleine weiße Fellknäuel verliebt und adoptierten ihn. Man machte uns schon darauf aufmerksam, dass er recht ängstlich und noch nicht leinenführig sei. Wir dachten: *Kein Problem, das bekommen wir schon hin.* Unser Hund Noor war am Anfang auch sehr ängstlich draußen, aber mit viel Liebe und Geduld, würden wir Falco schon hinbekommen. Leider war dem nicht so!

Zu Hause war Falco von Anfang an ein völlig entspannter, verschmuster und fröhlicher Hund. Auch mit seiner Hundekumpeline hat er sich sofort gut vertragen. Allerdings waren die Spaziergänge eine Katastrophe. Er robbte (von Laufen konnte man nicht sprechen) vor lauter Angst über die Erde und versuchte bei jeder Gelegenheit aus dem Geschirr zu springen, sobald uns Menschen zu Fuß, mit dem Fahrrad, Kinderwagen oder anderem entgegenkamen. Es war einfach schrecklich – für Falco und auch für uns! Das Gassigehen wurde immer mehr zur Tortur. (Anmerkung der Autoren: *Falco ist ein Musterbeispiel für Angst aus mangelndem Erfolg.*)

Gleich sind wir mit ihm in eine Hundeschule gegangen, die aber leider auch nichts gebracht hat. Es fanden dort Gruppenkurse statt, die Falco auch nur mit Angst und Schrecken so gut es eben ging bewältigt hat. Es wurde nicht auf uns eingegangen, obwohl man von der Problematik wusste. Wir waren sehr verzweifelt und ich stellte mir oft die Frage, ob es richtig war, Falco zu uns geholt zu haben. Meine Nerven waren am Ende!

Dann hatten wir das riesengroße Glück durch einen Zufall an Ira zu geraten. Nachdem sie die erste Stunde bei uns war, wusste ich sofort: ***Sie ist die Richtige und wird uns helfen***. Es war ein anstrengender Weg, den Ira mit uns gegangen ist, der sich aber gelohnt hat. Mittlerweile geht Falco schön an der Leine. Menschen, Fahrräder und Kinderwagen machen ihm so gut wie nichts mehr aus. Nachdem wir ihn die ersten anderthalb Jahre nur an der Leine führten, können wir heute schöne Spaziergänge am Rhein und im Wald unternehmen und Falco ist als Freigänger unterwegs. Wir sind überglücklich, dass der Kleine so tapfer durchgehalten hat und dass wir Ira an unserer Seite hatten. Ohne sie wären wir nicht so weit gekommen.

(Anmerkung der Autoren: *Falco hat Glück gehabt. Bekannt ist, dass bei Hunden normalerweise in der zweiten Hälfte des ersten Lebensjahrs nochmals eine sensible Phase liegt, in der Umwelteindrücke fixiert oder neue, bisher unbekannte Eindrücke auch noch nachträglich wiederum in einem Prozess der Prägung verankert werden können. Dass Falco in dieser Zeit bereits in einer mitteleuropäischen Zivilisationssituation gelebt hat und dann auch noch durch ein gut strukturiertes Trainings- und Allgemeinsozialisierungsprogramm mit den hier üblichen Gepflogenheiten vertraut gemacht wurde, ist eine sichere Grundlage für seine spätere gute Einpassung in unsere Lebensräume.)*

Das berichtet die Trainerin Ira: Kennengelernt habe ich Falco, als er etwa ein halbes Jahr bei seiner Familie war. Laut Vorbericht war er zu Hause offen und freundlich, unterwegs jedoch eingeschüchtert, nicht umweltkompatibel, für sein Frauchen nicht ansprechbar oder in irgendeiner Weise erreichbar. Er zeigte große Furcht vor Menschen, insbesondere Kindern, und allen beweglichen Objekten wie Fahrrädern und sonstigem. Er zog ohne Unterbrechung an der Leine, war entweder im Jagdmodus oder »auf der Flucht«.

Beim persönlichen Kennenlernen bestätigte sich diese Beschreibung vollumfänglich. Ich sah einen Hund, der außerhalb der eigenen vier Wände viel Stress, aber wenig Freude hatte, der mit den Herausforderungen des Alltags und erst recht mit denen im Gruppenunterricht einer Hundeschule vollkommen überfordert war. Der Leidensdruck bei allen Beteiligten war groß.

So starteten wir unser Einzeltraining. Ziel war zunächst, überhaupt eine Kommunikation zwischen Hund und Halterin herzustellen, die auch draußen zunehmend Bestand haben würde. Der Fokus sollte sich von außen (Umwelt) mehr nach innen (Halterin) verlagern. Gestartet haben wir im Haus, wo Falco sich relativ sicher fühlte. Erfreulicherweise hatte ich es mit einer sehr ambitionierten und motivierten Halterin zu tun, so ging das mit den ersten Erfolgen ziemlich schnell.

Wir haben ein Markersignal eingeführt, hier den Clicker. Ein Marker ist ein sogenannter sekundärer Verstärker, der dem Hund sagt, dass sein momentanes Verhalten richtig ist und dass eine Belohnung (primärer Verstärker) auf ihn wartet. Falco hat also zunächst mittels klassischer Konditionierung gelernt, ein eigentlich neutrales Geräusch (das Click des Clickers) mit einer unmittelbar verabreichten Belohnung zu verknüpfen, sodass das Geräusch mit der Zeit selbst zur Belohnung wurde.

Nach der Einführung des Clickers haben wir in Falcos Fall begonnen, den Anblick des angstauslösenden Reizes zu markern, sodass seine Sichtung nach und nach positive(re) Gefühle ausgelöst hat. Später dann wurde das Ignorieren ebenjenen Reizes gemarkert beziehungsweise in Unsicherheitssituationen das eigenständige Hinwenden und »Nachfragen« bei Frauchen.

(Anmerkung der Autoren: *Vor einer unkritischen und allgemeingültigen Anwendung dieser Methode muss aber gewarnt werden. Die Markierung von potenziell negativ belegten Reizen, sei es durch Clicker oder auch durch die Methode des »Zeigens und Benennens« hat eine Reihe von möglichen Nachteilen: Zum einen kann ein wirklich in Angst oder gar Panikstimmung befindlicher Hund diese Methode gar nicht mehr annehmen. Sobald sich, wie im allgemeinen Teil der Darlegung ausgeführt wurde, die mit der Angst und Panikentstehung befassten Gehirnteile sozusagen auf Autopilot nur noch miteinander verständigen und eingehende Reize von den Sinnesorganen oder der Großhirnrinde nicht mehr annehmen, sind auch Leckerli keine Alternative mehr. Ein Hund in echter Angst oder gar Panik frisst schlichtweg nicht, weil für ihn andere, lebenswichtigere Funktionen zunächst Priorität haben. Die Methode kann also eher bei leichter Verunsicherung oder allgemeiner Skepsis eingesetzt werden.*

Ist die Stressbelastung zu hoch, schmeckt nicht einmal die Fleischwurst mehr.

Eine weitere Gruppe von Hunden, bei denen diese Methode nur mit Vorsicht oder besser gar nicht angewendet werden sollte, sind die »vorwärts« motivierten Hunde, die in solchen Situationen nicht mit Flucht, sondern mit Angriff antworten wollen. Wem man in dieser Situation auch noch ankündigt, dass nun sein Reiz- beziehungsweise Hassobjekt kommt, wird sich sozusagen für den freundlichen Hinweis bedanken und gleich in Hab-Acht-Stellung gehen. Erfahrene Hundetrainer schildern genau solche Situationen mit der genannten Markiermethode und damit völlig überforderter (weil häufig auch zu ungeduldiger und Distanzen zu wenig beachtender) Hundebesitzer relativ häufig.

Die Methode ist also überwiegend geeignet für eher furchtsame oder in speziellen Umweltsituationen unsichere bis skeptische Hunde und für hoch sozial motivierte Hunde, die auch den Menschen als Sozialpartner und als sicheren Hafen in der Krisensituation gerne annehmen. Hunde, die ohnehin eine geringe Geselligkeitstendenz zum Menschen haben, werden gerade in solchen Situationen mit dieser Methode keine sichtbaren Verbesserungen erzielen (können). Auch Hunde, die eine verstärkte Tendenz zum Partnerschutz, also Eifersuchtsreaktionen zeigen, sind für diese Vorgehensweise eher ungeeignet, zumal Eifersucht als echte Emotion zu werten ist und nicht wie vielfach behauptet, nur dem Menschen als »Ressource« gilt.)

Das mechanische Geräusch des Clickers dringt auch in aufregenderen Situationen leichter zum Hund durch als ein – allzu oft im Übermaß – gesprochenes und mit Emotionen behaftetes Wort. Zudem lernt der Hund nach dem Click zwecks Aufnahme vom Leckerli ein Hinwenden zum Halter und damit ein Abwenden vom Reiz. Diese Distanzvergrößerung bedingt ein Entstressen und selbstständiges Auflösen einer belastenden Situation. Das *kann* eine gute Lösung für ängstliche Hunde sein, ist aber **kein** Pauschaltipp!

Ein weiterer positiver Aspekt des Markertrainings ist aber auch, dass die Beschäftigung mit dem Beobachten des Hundes und der mechanischen Betätigung des Clickers im richtigen Moment auch gestressten Haltern hilft, sich »weg vom Problem« und »hin zum erwünschten Verhalten« zu fokussieren.

(Anmerkung der Autoren: *Neuere Untersuchungen gerade in Begegnungssituationen eines Mensch-Hund-Teams mit unbekannten Menschen zeigen, dass soziale Unterstützung, beispielsweise in Form einer kurzen und auch mit klassischer Konditionierung vorher antrainierten Streicheleinheit, ähnliche oder sogar bessere Erfolge erzielt. Die genannten Untersuchungen zeigen jedoch auch, dass diese Methode mehr bei »normalen« und weniger bei ängstlichen oder aggressiven Hunden funktioniert. Es muss also eine sehr individuelle, von kompetenter Trainerseite durchgeführte Einzelfallanalyse vorgeschaltet werden, bevor die Markier- oder Zeigen-und-Benennen-Methode in solchen Situationen angewendet werden darf. Zudem hat beispielsweise Robert Mehl (2023) deutlich dargelegt, dass Clickern keinesfalls eine »nur« sanfte Methode ist. Die Veränderungen in der Gehirnarchitektur und dem Botenstoffwechsel sind dramatisch, lang anhaltend und dem Suchtverhalten nicht unähnlich.)*

Parallel haben wir begonnen, in Haus und Garten zu erarbeiten, was später auf Spaziergängen funktionieren sollte – ein entspanntes, selbstsicheres, wahrnehmungsreiches, genießendes und trotzdem kontrolliertes Miteinander.

Gestartet haben wir damit, dass Falco unterschiedliche Intelligenzbeschäftigungen kennenlernen durfte. Derartige Maßnahmen helfen, sofern richtig eingeführt, Eigeninitiative,

Konzentrationsfähigkeit und Problemlöseverhalten zu schulen. Das macht selbstbewusst und bringt Spaß. Und alles, was gemeinsam Spaß macht, ist erstrebenswert! Im weiteren Verlauf hat Falco zum Beispiel durch Suchaufgaben, einfache Gehorsams- und Orientierungsaufgaben sowie auch ein Leinenführigkeitstraining gelernt, sich zu fokussieren und auf Frauchens Signale drinnen und zunehmend auch draußen zu achten.

Gemeinsame Aktionen, die Erfolge und Spaß bringen, stärken Lust und Vertrauen aufs Miteinander.

(Anmerkung der Autoren: Hier wird insbesondere das Selbstbelohnungssystem des Dopamins aktiviert, das in solchen Fällen nicht nur eine lustvolle Erfahrung abzuspeichern hilft, sondern auch eine vorausschauende Wirkung entfaltet, sodass der Hund sich beim nächsten Mal bereits wieder auf die genannten Beschäftigungen freut. Eine kürzlich veröffentlichte Untersuchung zeigt beispielsweise, dass solche gut gemachten Intelligenzaufgaben bei Hunden auch eine Geräuschangst erheblich dämpfen. Hunde, die einige Wochen solche konstruktiv durchdachten Intelligenzaufgaben lösen durften, waren bei einer Wiederholung des Geräuschetests wesentlich stabiler als die Kontrollgruppe. Gerade diese Art der sinnvollen, geistig fördernden und fordernden Aufgaben kann also fernab des ursprünglichen Problems durchaus zu einer allgemeinen Stabilisierung des Hundes beitragen.)

So war es möglich, dass er sich in immer mehr Situationen immer sicherer auf Gelerntes einlassen und auf Frauchen verlassen konnte. Er machte die Erfahrung, seine Umwelt kontrollieren und beeinflussen zu können. Außenreize verloren so mehr und mehr ihren Schrecken.

Nicht ganz sicher war ich mir, wie weit wir Falcos ausgeprägtes Jagdverhalten würden kanalisieren können, da habe ich aber Frauchens Entschlossenheit unterschätzt. Nach circa einem Jahr individuell angepassten Trainings, zuletzt nur noch in großen Abständen, geht Falco entspannt an der lockeren Leine, bewegt sich meistens ziemlich sicher in seiner Umwelt und kann völlig problemlos auch im Wald Freilauf genießen. Beim letzten Treffen kam ich ob des Fortschritts der beiden aus dem Staunen kaum heraus.

10 Populäre Ängste

Der Futtermittelhersteller *nutricanis* (nutricanis.de) hat 2018 eine Auflistung der häufigsten Ursachen für Angstverhaltensweisen im Internet veröffentlicht (https://www.nutricanis.de/angst-beim-hund/). Auch über fünf Jahre später sind die erstgenannten Gründe dort heute unvermindert für viele Hundebesitzer eine große Hürde im Alltag.

Feuerwerk – der reinste Horror für viele Hunde und andere Tiere!

Angst, wenn es knallt, scheppert, zischt und leuchtet

Die Plätze 1 und 2 des nutricanis-Angst-Rankings belegen die Angst in der Silvesternacht und die Gewitterangst. Diese Ängste stellen manch einen Hundehalter vor große Probleme. Jede Hundetrainerin/Verhaltensberaterin und jeder Hundetrainer/Verhaltensberater kennt die verzweifelten Ausrufe in der Art von: »Mein Hund hat so schlimme Angst bei Gewitter! Er schmatzt und hechelt rasend schnell, sein Herz schlägt wie ein Presslufthammer und er ist total hektisch. Ich habe wirklich Angst, dass er einen Kollaps bekommt!«

Versuche einer »Desensibilisierung« sind oft wenig erfolgreich. Betroffene Hunde scheinen bereits Stunden vor dem Ereignis alarmiert zu sein. Faktisch nehmen sie wirklich Veränderungen in der Luft wahr, die sie bereits verunsichern und ängstigen. Bei der Silvesterknallerei kommt erschwerend hinzu, dass bereits Tage vorher und auch noch etliche Zeit nach dem Jahreswechsel »fröhlich« Raketen gestartet werden, Lichtreflexe den Nachmittag- und Abendhimmel »verzieren«, Böllerei und Zisch- wie Heullaute den Spaß einiger und das Leid anderer begleiten. Deshalb nutzt es auch nur ein wenig, nach Aufenthaltsmöglichkeiten für die Silvesternacht zu suchen. Den Stress- und Angstauslösern ist damit leider nicht hundertprozentig zu entgehen.

Verstecken in der hintersten Ecke – die Lösungsstrategie für manchen »Hasenfuß«.

Wer in jagdlich genutzten Regionen wohnt, dem begegnet bei Spaziergängen gelegentlich die Konfrontation mit knallenden Schussgeräuschen. Bei nicht schussfesten Hunden löst der Schreck beim Vernehmen eines Schusses leicht einen massiven Fluchtreflex aus. Selbst bestens erzogene Hunde sind dann unter Umständen mit Rufen und Kommandos nicht mehr zu erreichen, Angst bis Panik haben die Oberhand und das eingeschossene Adrenalin lässt den Hund nur noch um sein Leben laufen. Deshalb gilt zur Sicherheit des betroffenen Hundes: Leine und gut sitzendes Halsband oder Geschirr, eventuell sogar ein Sicherheitsgeschirr!

Für schreckhafte Hundegesellen kann auch ein Spaziergang an einer Straße zur Tortur werden, wenn nämlich plötzlich ein Motorrad mit Fehlzündung oder ein Gefährt mit Rumpeln, Scheppern oder quietschenden Bremsen auftaucht. Wieder kann das Sicherheitsgeschirr mehr Zuverlässigkeit bieten als ein Halsband oder einfaches Geschirr, aus welchem ein Hund herausschlüpfen kann – und das im Sekundenbruchteil! Auch eine Doppelführung mittels Halsband und Geschirr verschafft mehr Sicherheit.

In ausgeprägten Fällen hilft nur ein ausgeklügeltes Managementprogramm, welches am besten im Team mit Tierhalter, Tierarzt und Verhaltenstherapeut individuell auf die jeweilige »Bangebüx« abgestimmt wird. Das pauschale Erfolgsrezept mit Gelinggarantie gibt es leider – mal wieder – nicht (siehe auch Kapitel »Geräuschprobleme«, Seite 75ff).

Angst vor dem Autofahren

An dritter Stelle nennt *nutricanis* die Angst vor dem Autofahren. Die Tatsache, dass Autos auf Hunde groß und laut wirken und sich viel zu schnell bewegen, kann Ängste beim Hund auslösen. Aus diesem Grund ist es empfehlenswert, bereits den Welpen am Mitfahren im »rollenden Transportkäfig« zu gewöhnen.

Laut *nutricanis* hilft es in jedem Fall, den Hund in einer vorwärts gerichteten Position im Auto zu halten, damit die Szenerie nicht rückwärts an ihm vorbeirauscht, was auch beim Menschen Übelkeit auslösen kann. Zudem sollte der Hund ein paar Stunden vor der Autofahrt nichts mehr zu fressen bekommen, was helfen kann, die Übelkeit und das Erbrechen zu mildern. Daneben können Hunde beim Autofahren aber auch an der Reisekrankheit leiden, die mit Unwohlsein und oft auch Erbrechen verbunden ist. Klar steigen sie dann nicht gerne ins Auto ein (siehe hierzu auch den Gastbeitrag Ralph Rückert »Kinetose«, Seite 65ff).

Angst vor dem Tierarzt

Diese für viele Hunde gruseligen Konsultationen belegen gemäß *nutricanis* Platz 4: »Neben der Tatsache, dass es auch für Hunde unangenehm ist, eine Spritze zu bekommen oder die Behandlung zum Beispiel eines verstauchten Beins oder einer eingerissenen, entzündeten Kralle schmerzhaft sein kann, ist so ein Tierarztbesuch für die meisten Hunde auch eine sensorische Überbeanspruchung. Neben der Vielzahl fremder Gerüche, Geräusche und visueller Effekte spüren sie auch Angst und Schmerz der anderen Tiere und gegebenenfalls auch die Trauer der Menschen, wenn diese beispielsweise eine schlechte Nachricht vom Tierarzt bekommen. Hier kann es helfen, mit dem Welpen einige Tierarztbesuche ohne medizinische Behandlung zu absolvieren. Wenn diese Besuche angekündigt werden und das Praxisteam entsprechend vorbereitet ist, den Hund also mit Spiel, Streicheleinheiten und seinen Lieblingsleckerlis empfangen, wird der erste notwendige ›echte‹ Tierarztbesuch sicher nicht so angsteinflößend sein.«

Auch Besuche im Hundesalon können Unsicherheit bis Angst auslösen. Daher ist auch hier ein umsichtiges Gewöhnungstraining empfehlenswert.

Angst vor dem Alleinesein

»Der Tod des Vorbesitzers, Verlassenwerden, Umzug in ein neues Zuhause oder auch andere drastische Veränderungen im normalen Tagesablauf eines Hundes können eine Trennungsangst auslösen. Zudem scheinen einige Hunderassen wie Border Collie, Shelties und auch Deutsche Schäferhunde prädestiniert zu sein, eine solche Angst oder Phobie zu entwickeln. Grundsätzlich kann aber jeder Hund betroffen sein. Auch hier kann ein Training optimal bereits im Welpenalter helfen, den Hund ans Alleinsein zu gewöhnen. Dabei wird der Hund zunächst nur für ein paar Minuten und in immer länger werdenden Intervallen allein gelassen, damit er lernen kann, dass seine Menschen immer wieder zu ihm zurückkehren und er in Folge keine Ängste entwickelt. Es kann auch bei der Überwindung des Trennungsschmerzes unterstützen, dem Hund etwas nach seinem Menschen vertraut Riechendes wie z.B. ein getragenes T-Shirt zu lassen« (siehe hierzu auch das Kapitel »Trennungsstörung und Trennungsangst«, Seite 86ff).

Jeder geht anders mit Trennung um.

Angst vor anderen Hunden

Zu wenige oder schlecht verlaufende Kontakte zu Artgenossen können dazu führen, dass ein Hund unsicher bis ängstlich auf Begegnungen reagiert. Und manchmal ist es wirklich schon eine einzige negative Erfahrung mit einem anderen Hund, die eine Angst vor Artgenossen begründet. Der Umgang im Alltag dann mit solch einer Angst vor anderen Hunden kann sich sehr schwierig gestalten. Und eine echte Überwindung der Skepsis gegen Artgenossen ist manchmal sogar unmöglich. Manche Hundebesitzer agieren dann überbeschützend und nehmen den Hund immer wieder aus vermeintlich gefährlichen Situationen mit anderen Hunden heraus, verhindern von vornherein jeden Kontakt – und somit auch eventuell positive Erfahrungen.

Sie heben ihn hoch oder ziehen ihn an der Leine schnell weg – und vermitteln dem Hund selber negative Emotionen in der Situation. Ein fataler Kreislauf!

Siehe hierzu auch den Gastbeitrag von Dr. Stefanie Riemer »Die Gegenkonditionierung«, Seite 105.

In einer unangenehmen Situation regelrecht »einzufrieren« ist durchaus eine Taktik, um beängstigende Begegnungen zu überstehen.

11 »Tool« aus weichem Material leistet gute Dienste

Hunden mit auf Angst oder Furcht beruhenden Problemen ein Angebot zur Beschäftigung und Auseinandersetzung machen zu können, scheitert oft bereits im Ansatz der Idee. Vielleicht ist der Mensch »gruselig«, wird gemieden und verursacht Anspannung und Stress beim Hund, wenn er in der Nähe ist. Interaktionen sind so unmöglich. Vielleicht kann der Vierbeiner mit Gegenständen nichts anfangen und interessiert sich für herkömmliches Spielzeug überhaupt nicht. Vielleicht verhindern innerer Druck, erlernte Hilflosigkeit, Depression oder ähnliche »dunkle Empfindungen«, sich der Umwelt und dem Alltag zu öffnen, sich auszuprobieren und (wieder) zu explorieren. Beim Fallbeispiel von Lobo (siehe Seite 141ff) lesen wir, wie Lobo langsam, aber sicher, beginnt, seine nähere Umgebung zu untersuchen, dies aber nur in der Nacht, wenn alles ruhig und der mit im Haus befindliche Mensch nicht aktiv ist.

Und genau hier bietet sich ein wunderbares Einsatzgebiet für Schnüffelrasen, Sniffstar, Sniffroll und Sniffpad von Knauder's Best (früher doggytools). Im Humanbereich würde man wohl von »pädagogisch wertvoll« sprechen, im kynologischen Bereich darf man das ruhig auch. Die Produkte gehen weit über den eigentlichen Zweck hinaus und stellen eine therapeutische wie konstruktive Beschäftigungsmöglichkeit, aber auch ein beziehungsförderndes und bindungsstützendes Instrument dar. Das Prinzip ist einfach: Futter wird versteckt und der Hund darf es sich suchend erschnüffeln.

KNAUDER'S BEST

So weit, so einfach. Doch denken wir etwas weiter:

1. Ist dem Hund – wegen erst kurzer Zeit im neuen Zuhause, wegen schlechter oder mangelnder Vorerfahrungen oder aus welchem Grund auch immer – der Mensch als solcher noch nicht vertraut bis unheimlich, könnte zum Beispiel der Schnüffelrasen einige Zeit ins menschliche Bett, in den Wäschekorb oder in den Kleiderschrank zur Annahme des menschlichen Geruchs gelegt werden, bevor er dem Hund mit – anfangs ruhig noch offensichtlicher platzierten – Gaumenfreuden präsentiert wird. Da der Hund sich damit dann allein (auch in der Nacht) beschäftigen kann, ist der Mensch zwar nicht direkt dabei, dennoch geruchlich anwesend – und das in Kombination mit guten Leckereien. Mit der Zeit kann der Schwierigkeitsgrad des Versteckens erhöht werden.

2. Wird die Anwesenheit des Menschen akzeptiert, aber die Beziehung ist jung und insgesamt noch instabil, so können Schnüffelrasen und Co. beziehungsfördernd wirken, wenn sie für interaktive Aktionen genutzt werden. Gerade die Anwesenheit des Bindungspartners steigert auch hier die Oxytocinausschüttung. Sei es, dass der Mensch dem Hund durch Zeigegesten Areale aufweist, in denen sich das Suchschnüffeln lohnt oder indem der Hund zuschauen darf, wo und wie der Mensch im Sniffpad oder Sniffstar etwas versteckt, was er sich dann hervorschnüffeln und -tüfteln darf. Und die Sniffroll bietet zusätzlich die Möglichkeit, sie sich wie eine Handpuppe über die Hand zu ziehen und somit indirekt Körperkontakt zum Hund herzustellen.

3. Hat ein Tierschutzhund Einzug gehalten, der sich auf der Straße durchschlagen musste, verhilft der Schnüffelrasen eventuell dazu, dass die Futtersuche hier ausgelebt werden kann und der heimische Mülleimer verschont bleibt!

Wichtig: In allen angegebenen Nutzungsvorschlägen und in den weiteren, die Ihrer Fantasie entspringen, ist das dort zu findende Futter eine Ergänzung der normalen Tagungsration, auf keinen Fall die ausschließliche und selbst zu erarbeitende Nahrungsquelle! Sicherheit bedingt auch einen vollen Magen, deshalb darf nicht mit einer existenziellen Ressource (Nahrung) pseudotherapiert oder experimentiert werden!

Übrigens: Auch für Hundesenioren sind die Produkte hervorragend geeignet, um eine altersgerechte Beschäftigung (solitär oder interaktiv) anzubieten. Doch auch alle anderen Vierbeiner lieben es zu schnüffeln – und das von Welpenalter an. Aber mit Vorsichtig und Bedacht einsetzen und bedenken:

Auch im Riechsystem des Hundes finden sich dopaminabhängige Verbindungen und darum kann Nasenarbeit süchtig machen. Deshalb ist weniger manchmal eben etwas mehr!

Fallbeispiel: Pepper

Viele ehemalige Straßenhunde wurden mit einer Schlinge eingefangen und assoziieren das Anlegen von Halsband oder Geschirr mit dieser unangenehmen bis traumatischen Erfahrung.

Pepper ist ein kleiner Bulgare, der über eine Tierschutzorganisation nach Deutschland kam. Insgesamt ist er zwar eher ein etwas schüchterner Vertreter, aber durchaus neugierig, meistens gut gelaunt und auch zugänglich, wenn das Eis erst einmal gebrochen ist. Was seiner neuen Familie und ihm anfangs aber sehr große Probleme bereitete, war das Anziehen für den Spaziergang, also das Anlegen von Halsband und Brustgeschirr. Alles, was von vorne kam und auch nur den Anschein eines Überstülpens erweckte, löste in ihm Fluchttendenzen aus. Die Besitzer fragten nach einer Idee, wie man es Pepper vielleicht etwas einfacher machen könnte. Und die war leicht gefunden! Wir wählten das AnnyX Open Fun, ein Geschirr, das nicht über den Kopf gezogen werden muss, sondern im Schulterbereich zusätzliche Klickschnallen besitzt, so dass es offen angelegt wird. Um dem Hund die Zeit des Hantierens beim Anlegen im wahrsten Sinne des Wortes schmackhaft zu gestalten, kam der Schnüffelrasen mit in den Einsatz. Wir verstreuten winzig kleine Leckerlis, anfangs in sehr großzügiger Menge, auf dem Schnüffeltool. Während Pepper nun begeistert schnüffelte und die leckeren Bröckchen verspeiste, schoben wir das Geschirr einfach unter ihn und nahmen die Verschlussgurte nach oben, wo wir sie leicht einklicken konnten. Das ganze Szenario begleiteten wir mit dem Wort »Anziehen«, was in der Folge dazu führte, dass Pepper bereits beim Hören des Wortes »Anziehen« begeistert zum Schnüffelrasen rannte und sich dort das Geschirr fröhlich anlegen ließ.

Fallbeispiel: Wölfchen

Wölfchen war ein Straßenhund aus Istanbul. Sie kam mit ungefähr 10 Monaten nach Deutschland. Da sie unter den Folgen einer Staupeinfektion litt und außerdem mit den Folgen eines Verkehrsunfalls zu kämpfen hatte, entschieden Pflegestelle und Tierschützer, dass sie in Deutschland bessere medizinische Versorgung erwartet und so kam sie im Alter von ungefähr 10 Monaten hier her. Von ihrer Vorgeschichte war bekannt, dass sie schwerverletzt auf der Straße gefunden wurde und in eine Pflegestelle kam, wo sie liebevoll betreut wurde.

Wölfchen verbrachte zwei Monate bei einem deutschen Tierarzt, der sie untersuchte und so weit therapierte, dass sie vermittelt werden konnte. Sie zog bei einer seiner Angestellten ein. Wölfchen zeigte sich Menschen gegenüber aufgeschlossen, war altersentsprechend sehr neugierig und verspielt, ihr Sozialverhalten mit Artgenossen war tadellos.

Im neuen Zuhause gab es wenig Schwierigkeiten, erst nach einem Umzug traten Probleme im Alltag auf. Während eines Spaziergangs, die Strecke war die alltägliche Morgenrunde, sprang Wölfchen plötzlich und scheinbar aus unerfindlichen Gründen vom Gehweg auf die Straße. Es war wenig Verkehr und sie ließ sich auch direkt von ihrem Frauchen wieder sichern. Der Grund für die plötzliche Schreckreaktion war zunächst unklar, die Strecke war ja bekannt?! Am Folgetag und auch Tage darauf trat dieses Verhalten nicht mehr auf. Erst zwei Wochen später, erneut auf der Morgenrunde, Wölfchen lief bereits ohne Leine mit und war sehr folgsam, sprang sie erneut vom Gehweg auf die Straße. Wieder konnte Frauchen sie sichern und den Gassigang wie gewohnt fortsetzen. Eine Erklärung für dieses Verhalten gab es wieder nicht.
In den folgenden zwei Wochen war alles wie gewohnt, die Leine blieb aber auf diesem Teil der Gassirunde vorsorglich am Hund und Frauchen grübelte, woran diese plötzliche Unsicherheit gelegen haben könnte. Und wieder nach genau zwei Wochen auf der Morgenrunde passierte das gleiche Verhalten. Aus scheinbar unerfindlichen Gründen sprang Wölfchen erneut vom Gehweg auf die Straße, Frauchen hatte diesmal die Leine fest im Griff und konnte die unsichere Hündin abfangen. Blieb aber an der Stelle vorerst stehen, schaute sich genau um - und erblickte den Grund der Unsicherheit:

Es waren die Mülltonnen, die 14-tägig zur Leerung auf dem Gehweg standen! Vor dem Umzug wohnte Frauchen näher am Feld, weshalb es keine Konfrontation mit Mülltonnen gegeben hat. Nach dem Umzug mussten Wölfchen und Frauchen jedoch zunächst eine Straße durch den Ort gehen und dort standen eben besagte Mülltonnen.

Nachdem das Rätsel gelöst und das Problem bekannt war, holte sich Frauchen Rat bei einer Hundetrainerin. Wölfchen wurde zunächst ein Markersignal antrainiert und vereinbart, dass man am Tage der Mülltonnenleerung vorerst mit dem Auto bis an einen Feldweg fährt, um die Situation bis zum Greifen des Trainings zu vermeiden. Als Wölfchen mit dem Markersignal auch unter Ablenkung noch gut zu erreichen war, wurde die eigene Mülltonne an der Straße positioniert und jeder Schritt in Richtung Mülltonne gemarkert. Trotz anfänglicher Unsicherheit besserte sich Wölfchens Verhalten, sie hatte über die Zwischenzeit eine noch engere Bindung zu ihrem Frauchen aufbauen können und dieser Umstand gepaart mit dem Markertraining, ermöglichte es innerhalb von insgesamt rund 6 Wochen, dass sie an lockerer Leine und ohne erneute Schreckmomente an Mülltonnen auf ihrer gewohnten Gassistrecke vorbeigehen konnte.

Das Markertraining bot bei diesem Mensch-Hund-Team noch weitere Vorteile:

Wölfchen hatte den Verkehrsunfall in der Türkei vermutlich mit einem Bus oder LKW, denn vor diesen Fahrzeugen hatte sie große Angst. Das Markertraining ermöglichte es, auch daran Stück für Stück zu arbeiten. Nach 4 Monaten war sogar eine entspannte Fahrt mit dem Bus möglich.

12 Kleiner Exkurs zum Thema Kastration und Angstverhalten

Bei der Hündin wird durch die Entfernung der weiblichen Geschlechtsorgane Einfluss genommen auf den Östrogenhaushalt. Dies kann bei manchen Hündinnen zu einem Übergewicht des männlichen Hormons Testosteron führen, was sich unter Umständen derart auswirkt, dass Wettbewerbsaggression und Streben nach sozialem Sicherheitsstatus steigen, wohingegen die Selbstverteidigungsaggression abnehmen kann. Der Prolaktingehalt im Blut, der den gesamten Brutpflegemechanismus und damit verbunden die Brutverteidigung (und den potenziellen Infantizid) steuert, bleibt von der Kastration unbeeinflusst. Unsichere Hündinnen mögen so im Einzelfall den Eindruck vermitteln, dass ihnen die Kastration etwas mehr Sicherheit gegeben hat, was jedoch kein pauschaler Regelfall ist.

Beim Rüden verhält es sich etwas anders. Bei ihm wird das männliche Hormon reduziert, was ihn in seinen Augen »schwächer« im Sinne von angreifbarer machen kann. Dadurch kann die Selbstverteidigungsaggression durchaus zunehmen. Unsichere Hunde können nach einer Kastration noch unsicherer, gleichzeitig aber verteidigungsbereiter werden.

Grundsätzlich sollte eine Kastration immer sehr gut durchdacht und abgewogen werden, sie hat vielerlei Auswirkungen wie zum Beispiel Bindegewebsveränderungen, Muskelabbau, Fellveränderungen, Anfälligkeiten für Hauterkrankungen. Ohne klare medizinische Indikation gibt es eigentlich keinen Grund zur Kastration, eher viele dagegen. Und gerade die über die USA propagierte Frühkastration hat zusätzlich enorme Auswirkungen auf die Gehirnentwicklung des Hundes, was dazu führt, dass die Gehirnreife nicht nur verzögert, sondern in bestimmter Hinsicht gänzlich unmöglich gemacht wird. Auswirkungen hat dieser Umstand nicht zuletzt auf die Selbstsicherheit des Tieres: Ängstlichkeit, Unsicherheit und mangelnde Bindungsfähigkeit sind die Folge. Wer dies Risiko bewusst eingehen will, der sollte vielleicht seine grundsätzliche Einstellung zum Hund überdenken?!

In der Pubertät kommt aufgrund der Hormonschwankungen auch ins Verhalten eines Lebewesens viel Bewegung.

Hierzu noch ein Fall aus der Beratungspraxis: Ein kleiner, aus Griechenland importierter Hund, der von seiner Halterin zunächst ohne Probleme an der Leine spazieren geführt werden konnte, startete plötzlich circa drei bis vier Wochen nach der Übernahme in seinen neuen Haushalt ein paar Attacken, wobei er nach Angaben der Halterin gefühlt etwa mit jedem zehnten Rüden an der Leine Probleme hatte. Auf Anraten der vermittelnden Tierschutzorganisation hätte sie ihn nun sofort kastrieren lassen sollen, weil er dominant wäre. Der betreuende Tierarzt empfahl stattdessen glücklicherweise den Kastrationschip zu setzen. Während der Hund in den ersten sechs Wochen nach der Implantation ganz tolle Verbesserungen erzielte, folgte danach der Totalabsturz, und der Hund hatte plötzlich mit allen Hunden, egal welchen Geschlechts, welcher Größe und Farbe an der Leine Probleme.

Erst nach circa zehn Monaten flaute diese Wirkung wieder ab. In dem gleichen Maße, wie die Hoden des Hundes langsam wieder ihre Normalgröße annahmen, wurde er auch wieder verträglicher. Schließlich hat er wie zuvor nur noch mit jedem zehnten Hund an der Leine Probleme gehabt. Die Halterin ist glücklich, der Hund wahrscheinlich auch. Der genauere Hergang und die Zusammenhänge mit den Regelkreisen erklären beispielsweise auch, weshalb die Unterdrückung der Sexualhormonproduktion durch das Cortisol zu einer Verlängerung der Wirkung des Chips geführt hat. Kastration ist also nur in seltenen Fällen hier eine Lösung (Näheres siehe Strodtbeck und Ganslоßer, 2011).

Die häufigere und/oder stärkere Ausbildung von Ängstlichkeit bei kastrierten Hunden beiderlei Geschlechts ist mittlerweile in vielen Studien an etlichen Rassen und aus diversen Ländern belegt (siehe Kolkmeyer und Ganslоßer, 2023, Ganslоßer und Mertes, 2023).

13 Unsicherheit und Angst beim Hundesenior

Besonders wichtig ist die Berücksichtigung möglicher altersbedingter Unsicherheiten bei unseren Hundesenioren. Wir hörten (nicht nur einmal) von einem Hund, der »plötzlich« Verhaltensauffälligkeiten entwickelte, vornehmlich in der Dunkelheit und bei abruptem Wecken aus dem Schlaf. Der Hund reagierte in solchen Situationen mit Knurren, massivem Drohen, gelegentlich auch mit einer abwehrenden Beißattacke. Wurde der Hund angesprochen, so schien er überrascht und irritiert, stellte sein Verhalten sofort ein und schien sich in den Augen der Besitzer »entschuldigen« zu wollen. Ein Tierarzt hatte zur Einschläferung des offenbar über Nacht »verrückt« gewordenen Vierbeiners geraten, womit die Besitzer – zum Glück! – nicht einverstanden waren. Der Hund war zwölf Jahre alt, hatte bereits eine auch für den tiermedizinischen Laien zu sehende Linsentrübung und erwies sich bei kleinen Tests als durchaus schwerhörig. Der Hundeopa litt an einer Altersdemenz, einer biologischen Altersfolge, die nicht nur den Menschen betreffen kann. Letztlich haben wir hier den Klassiker der Abwehraggression aufgrund des Verlusts der Orientierung!

Mit schwindendem Hörsinn fällt die Orientierung immer schwerer. Dies kann der Besitzer eines Hundeseniors in vielen Zusammenhängen erleben.

Die Aufnahme eines Reizes, seine Verarbeitung sowie Bewertung im Gehirn und die angepasste Reaktion können im Alter deutlich verzögert stattfinden. Im konkreten Fall ließ sich die Gesamtsituation wesentlich dadurch entschärfen, dass dem Hund für sein nächtliches Nickerchen ein störungsfreier Platz eingerichtet wurde. Wollte man sich ihm nähern, so wurde er ruhig weckend angesprochen, man ließ ihn sich »sammeln« und alles war wie früher. Mit dem Wissen um die nachlassenden Sinnesleistungen ihres Hundes und nur kleinen, unproblematischen Verhaltensmaßregeln lebten die Besitzer und der Fellopi wieder friedlich, etwas stressfreier und entspannt miteinander – hoffentlich noch lange! Übrigens: Auch Trennungsängste nehmen bei Senioren zu (siehe unten)!

Im Gehirn des Seniors steigt die Konzentration des Stresshormons Cortisol während Dopamin und Serotonin abnehmen. Die Auswirkungen kennen wir ja schon (Näheres siehe Krivy, 2021; Knoche in Gansloßer, 2023).

14 Unsicherheit und Angst durch Krankheit

Bei der Auseinandersetzung mit den Themen Unsicherheit und Angst muss sich das Augenmerk auch auf momentane und/oder chronische Erkrankung(en) richten. Störungen im neuronalen Netz und in der Neurotransmission führen zu Verhaltensauffälligkeiten diversen Ausmaßes. Derartige Störungen können auch als Folge von Narkotika auftreten und bei allergischen Reaktionen. Skeletterkrankungen wie HD (*Hüftgelenksdysplasie*), OCD (*Osteochondrosis dissecans*), ED (*Ellenbogendysplasie*), aber auch Schwäche nach chirurgischen Eingriffen oder sonstigen organischen Erkrankungen, können momentane oder anhaltende Unsicherheit begründen. Der Hund weiß um sein Handicap und ist bemüht, sich bestimmten, seiner Meinung nach bedrohlichen Situationen zu entziehen. Schafft er das nicht oder in unzureichendem Maß, reagiert er aversiv bis defensiv. Bei anhaltenden Schmerzen vermag der Hund selbst gegen seine Besitzer massiv zu reagieren, wenn er die Erfahrung macht, dass Berührung oder Beanspruchung ihm wehtun. Aus der daraus entstehenden ängstlichen Erwartungshaltung vermag der Hund bei bloßer Annäherung bereits aggressiv zu reagieren, ohne dass dies ein Indiz für eine grundsätzliche Aggression gegen Menschen wäre. Hier ist schlicht die Angst vor Schmerz die Ursache für die Aggression.

Angst vor Schmerz lässt den Hund unter Umständen auch beim Tierarzt überängstlich bis aggressiv reagieren, wenn er dort einmal schlechte Erfahrung gemacht hat. Das wird auch nicht grundsätzlich wieder »ausgebügelt«, wenn bei späteren Konsultationen die Untersuchungen »ganz harmlos« verlaufen. Die Erinnerung an den erlebten Schmerz lässt das Tier möglicherweise aus- und zurückweichen, Fluchtversuche werden unternommen, Urin oder Kot können abgesetzt werden, die Analbeutel werden entleert und Ähnliches. Übrigens bedarf es bei sehr sensiblen Hunden nicht einmal eigener Erfahrungen! Die angstgeschwängerte Atmosphäre im Wartesaal, die durch Stressreaktionen ausgelöste Geruchs- und Geräuschsituation können ausreichen, den dies Erlebenden in Angst und Schrecken zu versetzen.

Depressionsauslösende Wirkungen von Entzündungsfaktoren sind in der Humanpsychiatrie ebenso wie in der Labortierforschung bereits belegt. Zudem steigt eben bei chronischem oder lang anhaltendem Schmerz auch der Cortisolspiegel an, was insgesamt zu einer verstärkten Anfälligkeit für Panik- und Angstreaktionen führt. Akuter Schmerz, wie er etwa kurz nach einer plötzlichen Verletzung auftritt, aktiviert dagegen mehr das Sympathikussystem, also die mit dem Adrenalin-Noradrenalin-System verknüpften Reaktionen. Deshalb neigt ein Hund im Akutschmerz auch eher zu einer Flucht- oder zu einer Präventivschlag-Vorwärtsaggression, der Hund im chronischen Schmerz dagegen eher zum Befreiungsschlag in letzter Minute, der aus der Cortisolsteuerung erklärlich ist (siehe Gansloßer, 2022; 2023).

Fallbeispiel: Die Geschichte von Nils

Nils ist ein ungarischer Puli. Er wurde 2010 mit einem Kettenrest am Hals in der Tötungsstation in Ungarn abgegeben. Zwar befand er sich in einem sehr schlechten Pflegezustand, war aber ein fröhlicher und aufgeschlossener Hund. Artgenossen gegenüber zeigte er sich eher zurückhaltend, nach kurzer Kontaktaufnahme ignorierte er andere Hunde grundsätzlich. Er hatte keinerlei größere Umweltängste. Gewitter und das erste Silvester verunsicherten ihn lediglich ein wenig, eine Verschlimmerung von Ereignis zu Ereignis konnte nicht festgestellt werden.

Silvester 2011 auf 2012 war jedoch plötzlich alles anders. Nils, der das vorherige Silvester zwar zitternd, aber ansprechbar und ohne Folgeprobleme überstanden hatte, zeigte extreme Panikreaktionen: stundenlanges Hecheln, Speicheln, Zittern. Er war nicht ansprechbar, hatte weit aufgerissene Augen, angelegte Ohren, war stocksteif und bewegungsunfähig. Er entleerte die Analdrüsen und verlor Urin. Die Angstzustände hielten Wochen an; er fraß nicht mehr, wollte nicht mehr raus und steigerte sich immer mehr in die Angst hinein. Langsam entwickelte sich auch eine immer größer werdende Geräuschangst. Selbstverständlich haben wir ihn gesundheitlich durchchecken lassen – ohne pathologische Ergebnisse.

Die Geräuschangst wurde immer schlimmer, ein klappernder Mülltonnendeckel reichte aus, um Nils zum Entleeren der Analdrüsen und zum Erbrechen zu bringen. Auf dem Bauch robbend versuchte er nach Hause zu kommen. Er entwickelte nun auch eine ausgeprägte Artgenossenaggression, biss um sich, als ginge es um Leben und Tod.

Unter Sedierung wurden zweimal die Zähne kontrolliert und gereinigt. Es gab keinerlei Anzeichen für eine Zahnproblematik – eine fatale Fehleinschätzung, für die aber niemand schuldig erklärt werden kann, denn es war in der Tat in den Befunden nichts zu erkennen. Dennoch: Unter einem schneeweißen Backenzahn ohne jegliche Schwellung hatte Nils einen riesengroßen Abszess, der aber leider erst neun Monate später gefunden wurde, als der Zahn letztlich abbrach, weil er von innen heraus völlig weggefault war. Höllische Zahnschmerzen müssen den Hund geplagt haben und waren Auslöser seiner Ängste.

Der Zahn wurde selbstverständlich sofort entfernt, hoch dosiert Schmerzmittel gegeben. Nils war jedoch so gestresst, dass von Lebensqualität nicht mehr zu sprechen war. In Abstimmung mit einigen Verhaltenstierärzten bekam Nils zum »Reset« einen Angstlöser (Benzodiazepin). Als wir ihn nach drei Monaten ausschlichen, stellten wir gleichzeitig auf Selgian um. Die Entscheidung für Medikamente fiel mir in diesem Fall sehr leicht. Nils in diesem Zustand weiter existieren zu lassen, war durch nichts auf der Welt zu rechtfertigen. Und die Medikamente waren für ihn der Startschuss in ein neues Leben.

Jetzt, über drei Jahre später, sind wir weitestgehend auf dem Stand von »vor Zahn«. Nils frisst nahezu wieder alles (so weit er es ohne Zahn kauen kann), er kann inzwischen wieder recht ruhig bleiben, wenn er Hunde sieht. Alltagsgeräusche, Wind, Regen sind kein Problem mehr. Selbst viele Knallgeräusche kann er differenzieren und bekommt wirklich nur noch bei »echten« Schuss- oder Böllergeräuschen Panik. Allerdings ist sein Schmerzgedächtnis sehr leicht auslösbar.

(Anmerkung der Autoren: *Die Wirkung chronischer und entzündlicher Schmerzherde auf die psychischen Gestimmtheiten eines Tieres sind mittlerweile chemisch und physiologisch gut erklärlich. Zum einen steigert chronischer Schmerz, wie in der Humanschmerzmedizin nachgewiesen wurde, die Ausschüttung von Cortisol. Und Cortisol ist u.a. auch für eine ganze Reihe von Aggressionserscheinungen, gerade im Zusammenhang mit einer Selbstverteidigungsaggression gegen Artgenossen ursächlich. Zudem sind Angstzustände, wie sie beispielsweise bei Gewitter, Silvester und in ähnlichen Situationen auftreten, vom Cortisol gesteuert.*

Andererseits wurde in der Humanpsychiatrie mittlerweile eindeutig belegt, dass ein Teil der in solchen Situationen ausgeschütteten Entzündungsfaktoren (speziell die entzündungsfördernden Cytokine) unmittelbar depressionsauslösend wirken. Das Schmerzgedächtnis, also die überdauernde Schmerzwahrnehmung ist ebenfalls ein weit verbreitetes Phänomen, auch wenn medizinisch alle Ursachen vollständig behoben sind.)

In diesem Falle war, wie die Halterin angibt, ein Erkennen der Schmerzursache von Nils' Verhalten tatsächlich nicht möglich. Wegen der genannten Zusammenhänge zwischen Stresssystem, Depressionsauslösung und Schmerzgedächtnis ist jedoch dringend notwendig, dass im Falle einer wirklich erkennbaren Verletzung oder anderen Schmerzursache sehr schnell und gegebenenfalls auch mit wirklich starken Schmerzmitteln unter Einbeziehung eines einschlägig erfahrenen Tierarztes gehandelt wird. Im Idealfall sollte die Schmerzbehandlung bereits innerhalb der ersten paar Stunden oder zumindest innerhalb der ersten 24 Stunden nach Entstehung der Verletzung beginnen, um die Ausbildung des Schmerzgedächtnisses möglichst zu verringern.

Eine Zusammenstellung mechanischer Bedingungen mit Verhaltensproblemen bei Hunden von Kathrin Köhler (2005, siehe Gansloßer, 2022; 2023) gibt Zusammenhänge von Angst und vergleichbaren Zuständen mit Magen-Darm-, sowie Herz-Kreislauf- und auch Autoimmunerkrankungen an. Besonders bemerkenswert ist ein Zusammenhang, den eine britische Studie aus der Gruppe von Daniel Mills zeigt: Hunde, bei denen Lärmüberempfindlichkeit erst im Alter ab drei Jahren aufwärts auftritt, haben oft ein Schmerzproblem (Lopes Fagundes et al., 2018).)

14.1 Angst vorm Autofahren: Reisekrankheit (Kinetose, Motion Sickness) beim Hund

Ein eigenes Auto könnte vielleicht helfen. Aber wer hat das schon?

Ein Gastbeitrag von Ralph Rückert, Tierarzt, Ulm

Uns selber hat es bisher nie erwischt. Entweder haben wir Glück gehabt oder wir machen irgendwas richtig, was andere Hundebesitzer falsch machen. Aber bei jedem neuen Welpen habe ich anfangs subtil Schiss, denn wenn man als ständig (und sogar zum Spaß, Pfui!) mit dem Auto herumfahrender Mensch an einen Hund gerät, der zur Reisekrankheit neigt, dann hat man echt die Pest am Hals.

Eigentlich sind die Chancen ganz gut, dass man sein ganzes Leben lang Hunde hält, ohne dass sich einer als KFZ-Problemfall entpuppt, denn über den Daumen gepeilt ist nur jeder fünfte bis sechste Hund betroffen. Passiert es aber, kann das Leben hochgradig mobiler Besitzer plötzlich und dauerhaft sehr, sehr kompliziert werden.

Für uns persönlich wäre ein Kinetose-Hund erst mal eine echte Katastrophe, da wir – wie gesagt – sehr viel mit dem Auto fahren müssen und wollen. Jeden Tag geht es zweimal in die Praxis und zurück, jeweils acht Kilometer einfach. Und eines unserer Freizeitvergnügen ist das Cabrio, mit dem wir vorwiegend – nicht zuletzt wegen der schönen, aber übelkeitsfördernden Kurven – im Alpenraum und in unseren Mittelgebirgen unterwegs sind. Darüber hinaus haben wir keine Freude an einem Urlaub ohne Hund, was mit sich bringt, dass er auch lange Urlaubsfahrten gut erträglich finden muss.

Ich habe also bisher dankenswerterweise keine persönlichen Erfahrungen mit einem reisekranken Hund machen müssen. Aus meiner Praxistätigkeit weiß ich aber natürlich genau, wie gemein und leider oft schwer therapierbar dieses Problem sein kann. Es fällt mir sehr leicht, mich in diese bedauernswerten Patienten hinein zu versetzen, weil ich selber eine Neigung zur Kinetose habe und als Kind sogar ganz schlimm betroffen war. Autofahren und nach spätestens einer Dreiviertelstunde Kotzen waren für mich bis zum Alter von zwölf, dreizehn Jahren buchstäblich Synonyme. Bis heute komme ich ohne entsprechende Medikamente nicht auf einem Schiff von Sylt bis Helgoland, ohne dass es sehr unerfreulich wird. Und in einen Fernreisebus bringen mich keine zehn Pferde!

Mit diesen persönlichen Anmerkungen möchte ich nur rüberbringen, dass Reise- beziehungsweise Seekrankheit, eben Kinetose, für den Betroffenen, ob nun Mensch oder Hund, was wirklich Grausiges ist. An das Problem nach dem Motto »Da muss er jetzt eben durch!« ranzugehen, ist KEINE Lösung! Ganz im Gegenteil!

Weitestgehend problemlos im Auto mitfahren zu können, gestaltet den Alltag für Mensch und Hund entspannter.

Irgendwie scheue ich mich fast, jetzt die Symptome einer Kinetose beim Hund aufzuzählen, weil ich der Meinung bin, dass jemand, der nicht von selber merkt, dass es dem Vierbeiner beim Autofahren gar nicht gut geht, wahrscheinlich auch nicht spannen würde, wenn er ohne Hose aus dem Haus gegangen ist. Aber was soll's, machen wir es halt, sozusagen als Pflichtübung:

Erregung oder Lethargie, Widerstand oder offensichtliche Angst schon vor dem Einsteigen, unablässiges Hecheln (trotz moderater Temperaturen oder Klimaanlage), Lautäußerungen von leisem Winseln über Bellen bis zum Schreien, Speicheln, gerötete Augen (besser: Bindehäute), hochrote oder blasse Schleimhäute, Erbrechen, in seltenen Fällen sogar Kot- und Harnabsatz. Alles in allem eine glasklare Sache, denke ich!

Ist ein Kinetose-Hund noch jung (unter einem Jahr), können Sie als Besitzer darauf hoffen, dass sich das Problem sozusagen verwächst. Ähnlich wie damals bei mir selbst, sorgt das Erwachsenwerden oft für teilweise oder vollständige Linderung. Allerdings wäre es sehr riskant (und außerdem gemein gegenüber dem jungen Hund!), sich nur auf diesen Effekt verlassen zu wollen. Zeigt ein Hund Anzeichen einer Kinetose, ist es überaus sinnvoll, sofort und energisch etwas zu unternehmen. Es könnte sonst passieren, dass der Traum vom gemeinsamen Urlaub mit dem Hund für immer ausgeträumt ist!

Was tun?

Bei Diskussionen dieses Themas in Hundegruppen und -foren wird oft sofort auf die Verhaltensschiene abgehoben. Es werden Erziehungsmaßnahmen und die sofortige Einschaltung von HundetrainerInnen empfohlen, meist im gleichen Atemzug, mit dem Medikamente (»pöhse Chemiekeule!«) verdammt werden. Leider Bullshit, denn das eine funktioniert meist nicht ohne das andere! Es hilft nun mal kein bisschen, wenn ich mit verhaltenstherapeutischen Maßnahmen gegen eine Angst ankämpfe, die dann nach wenigen Metern Fahrt wieder durch unweigerlich aufkommendes Elend verstärkt wird. Natürlich gibt es Hunde, die – aus welchen Gründen auch immer – Angst vor dem Autofahren an sich haben und sich deswegen in die oben genannten Symptome reinsteigern. Die meisten Autokotzer aber haben gar nicht wirklich Schiss vor dem Autofahren, sondern vor dem, was es mit ihnen anrichtet. Um wieder den Bezug zu uns Menschen herzustellen: Meint wirklich jemand ernsthaft, dass mir damals als Kind eine Verhaltenstherapie hätte helfen können? Nicht wirklich, oder?

Nein, das muss Hand in Hand gehen! Zum einen muss die durch das Autofahren entstehende Übelkeit möglichst effektiv ausgeschaltet werden, zum anderen muss das Fahren durch entsprechende Maßnahmen in etwas Positives und Erfreuliches umgewandelt werden. Und das muss sofort und unverzüglich passieren, bevor es zu spät ist. Es gibt nämlich tatsächlich eine »Angst vor der Angst«, und die führt dann unweigerlich in einen Teufelskreis, aus dem man so leicht nicht mehr rausfindet.

Von der Vorstellung, dass man da ruckzuck auf einen grünen Zweig kommt, kann man sich allerdings gleich verabschieden. Das braucht Geduld und systematisches Vorgehen! In der Woche vor dem Start nach Benidorm in der Tierarztpraxis aufzuschlagen und eine Instant-Lösung des schon seit wer weiß wie lange bestehenden Problems zu verlangen, ist NICHT sinnvoll!

Auf große Reise zu gehen macht nur Spaß, wenn es nicht im Magen grummelt oder sich im Kopfe dreht.

Also, gehen wir es systematisch an:

Erst mal muss ich wissen, ab welcher Strecke oder nach welcher Zeit im Auto der Hund in ernsthafte Schwierigkeiten kommt. Diese Strecke oder Zeitspanne darf anfangs in keinem Fall überschritten werden. Lässt es sich aus irgendwelchen Zwängen heraus nicht vermeiden, müssen Medikamente zum Einsatz kommen, und zwar jedes Mal.

Zu Beginn wird das Auto idealerweise überhaupt nicht bewegt. Der Hund muss auch gar nicht einsteigen, sondern sich nur annähern und ein Weilchen beim Auto verweilen. Ist das Tier nicht schon an dieser Stelle endgestresst und noch in der Lage, etwas zu sich zu nehmen, kann und sollte man Futterbelohnungen einsetzen. Klappt das, lässt man den Hund in das stehende Auto einsteigen, dort verweilen und eventuell etwas futtern. Dann fährt man mal die Einfahrt runter und wieder rauf. Ich denke, dass das Prinzip klar sein sollte: Der Hund muss als Erstes lernen, dass sich absolut nicht jedes Einsteigen in die Familienkutsche zu einer für ihn unendlich wirkenden und schrecklichen Erfahrung auswächst.

Im nächsten Schritt soll der Hund umsetzen, dass am Ende einer (möglichst kurzen!) Fahrt in den allermeisten Fällen etwas sehr Erstrebenswertes und Positives auf ihn wartet. Was das ist, hängt individuell von Ihrem Hund ab. Das Problem ist nämlich, dass gerade Besitzer von Kinetose-Hunden jede Autofahrt fürchten wie der Teufel das Weihwasser und den Hund nur dann einladen, wenn es absolut nicht zu vermeiden ist. Und wo geht es dann normalerweise hin? Entweder (Horror hoch drei!) zum Tierarzt oder zu einer ganz dringenden Erledigung, wo der Hund gleich im Auto bleiben muss. Nein, in dieser Phase der Therapie ist unbedingt darauf zu achten, dass über 90 Prozent der kurzen Fahrten ein für den Hund ganz tolles Ziel haben!

Mit solchen viel Geduld erfordernden Maßnahmen erreichen Sie aber nur, dass der Hund allmählich ein besseres Bild vom Autofahren bekommt, verhindern aber definitiv nicht, dass ihm ab einer gewissen Fahrtstrecke (natürlich auch abhängig von Fahrstil und Streckenführung) sterbenselend wird. Um das zu vermeiden und damit das Image des Autofahrens weiter zu verbessern, sind Sie in den meisten Fällen auf Medikamente angewiesen. Nimmt der Hund mehrmals (sicher sehr erleichtert!) zur Kenntnis, dass er sich überraschenderweise nicht übergeben musste, ist das selbstredend mehr als hilfreich. Erst dann wird die Angst vor dem Autofahren wirklich langsam besser werden können.

Was für Medikamente stehen uns zur Verfügung?

In milden Fällen (aber wirklich nur in diesen) kann ein Versuch mit Ingwer unternommen werden. Ingwer wirkt bei Mensch und Hund durchaus übelkeitsunterdrückend, aber halt nicht wirklich zuverlässig. Ich empfehle gern Ingwer in Kapselform, weil leichter einzugeben, also zum Beispiel Zintona-Kapseln. Diese sollte man etwa zwei Stunden vor Fahrtantritt eingeben. Die Wirkung hält mehrere Stunden an. Wie gesagt: Einen Versuch wert, aber für viele Hunde nicht ausreichend wirksam.

Schon lange für diesen Zweck in Anwendung sind die Antihistaminika, vor allem mit den zwei bekanntesten Vertretern dieser Medikamentenklasse: Diphenhydramin und Dimenhydrinat. Die Antihistaminika sind eigentlich für die Behandlung der Kinetose eine sehr gut geeignete Möglichkeit. Neben der Unterdrückung von Übelkeit und Erbrechen wirken sie nämlich auch sedierend, was ja in diesem Zusammenhang durchaus wünschenswert sein kann. Die beiden genannten Wirkstoffe fungieren zudem auch noch als Serotonin-Wiederaufnahmehemmer, was sich stimmungsaufhellend auswirken kann. Klingt gut, war auch gut!

Früh geübt wird später zu gekonnt. Mit angepasstem Management kann man dann den Komfort für den Hund noch weiter erhöhen.

Warum war? Wie schon in anderen Artikeln erwähnt, haben wir Tierärzte nach der sogenannten EU-Kaskadenregelung immer Medikamenten den Vorzug zu geben, die für einen bestimmten Anwendungszweck bei einer bestimmten Tierart zugelassen sind. Schon seit einigen Jahren ist mit dem Wirkstoff Maropitant ein für die Behandlung der Reisekrankheit beim Hund spezifisch zugelassenes Medikament auf dem Markt. Damit sind die Antihistaminika als First-Line-Medikament natürlich rein rechtlich aus dem Rennen. Das wäre an sich ziemlich ärgerlich, aber dankenswerterweise wirkt Maropitant ebenfalls ausgesprochen zuverlässig beziehungsweise noch zuverlässiger gegen Erbrechen. Allerdings hat es keine sedierende Nebenwirkung und ist auch nicht gerade billig. Wie auch immer: Maropitant ist im Moment der Wirkstoff der ersten Wahl!

Zuletzt sei noch das Neuroleptikum Acepromazin erwähnt, das neben seiner ausgeprägten Sedierungswirkung ebenfalls Erbrechen effektiv unterdrückt. Ich halte diesen Wirkstoff angesichts der vorhandenen Alternativen für nicht mehr wirklich zeitgemäß. Neben den oft ausgeprägten und nicht wirklich ungefährlichen Nebenwirkungen auf die Kreislauffunktion ist es vor allem die sehr lange Wirkungsdauer, die ich abschreckend finde. Unter Acepromazin-Sedierung in den Urlaub kutschierte Hunde sind oft noch bis zum übernächsten Tag so richtig neben der Spur, und das ist ja auch nicht der Sinn der Sache. Über die Anwendung bei kürzeren

Frühe Gewöhnung in Gesellschaft ist super – aber bitte besser gesichert als hier.

Fahrten muss man unter diesen Voraussetzungen erst gar nicht diskutieren.

Ich werde mich hier jetzt nicht festlegen, welches Präparat im Einzelfall zu bevorzugen und in welcher Dosierung zu verabreichen ist. Dafür müssen Sie sich bitte an den Tierarzt Ihres Vertrauens wenden, da es ja immer auch Vorerkrankungen, Wechselwirkungen und Unverträglichkeiten individuell zu beachten gilt. Wichtig ist mir vor allem die Botschaft, dass gut wirksame und verträgliche Medikamente auf dem Markt sind, die man bei Reisekrankheit einsetzen kann und sollte! Zu Anfang der Therapie müssen solche Präparate eventuell sehr häufig gegeben werden, was zum Beispiel bei Maropitant nachweislich ohne Schaden möglich ist. Sie haben diesen Artikel nun gelesen, also ist ab jetzt jedes Mal, wenn Ihr Kinetose-Hund ins Auto spuckt, eigentlich ein absolut vermeidbarer Rückschlag und ganz allein Ihr Fehler!

Kommen wir zuletzt zur Vorbeugung, denn die ist bekanntermaßen jeder Therapie überlegen. Kann man denn überhaupt vorbeugen? Ich denke schon! Womit wir wieder bei der Frage wären, ob ich mit meinen bisherigen Hunden nur Glück oder irgendwas richtig gemacht hatte. Unser Vorteil, in dessen Genuss natürlich nicht jeder kommt, war der, dass wir unsere Hunde immer als Welpen mit acht bis zehn Wochen zu uns geholt haben. Wir hatten (mit einer Ausnahme) immer die Möglichkeit, auf die jeweiligen Zuchtstätten insofern einzuwirken, dass schon mit den noch kleinen Welpen ganz kurze Autofahrten zu irgendeiner attraktiven Unternehmung durchgeführt wurden. Beim Abholen des jeweiligen Hundes haben wir bei der meist längeren Heimfahrt mit Adleraugen auf jedes noch so kleine Anzeichen von Unwohlsein geachtet und dann sofort die Fahrt für eine längere Pause mit Erkundung einer netten Wiese oder Waldlichtung unterbrochen. Wir haben bisher auf diese Weise noch jeden unserer Welpen ohne Kotzerei nach Hause gebracht. Dort angekommen gehören bei uns anfänglich ganz kurze, dann aber schnell länger werdende Autofahrten mit für den Hund angenehmen Zielen und jeder Menge positiver Verstärkung fest zum Alltagsprogramm.

Von Mensch und Hund gleichermaßen wissen wir, dass es für Kinetose-Patienten eine große Rolle spielen kann, wo im Auto sie sich aufhalten und wie sie sich körperlich positionieren. Ich selbst darf zum Beispiel bis heute nicht längerfristig nach hinten aus einem Auto rausschauen oder gar gegen die Fahrtrichtung sitzen. Da müssen Sie bei Ihrem Hund rumprobieren, wo er am besten klar kommt, natürlich unter Beachtung der Ladungssicherungspflicht der StVO.

Abschließend und als Fazit noch mal: Wenn Sie das Pech haben, dass Ihr Hund unter einer Kinetose leidet, MÜSSEN Sie da zweigleisig ran, nicht nur auf der Verhaltensschiene. Sie können den besten Hundetrainer der Welt engagieren, aber das hilft alles nix, wenn dem Hund unweigerlich nach fünf Minuten Fahrt kotzübel wird. Wenn Sie da keine zuverlässig wirksamen Medikamente einsetzen, wird der Versuch einer alleinigen Verhaltenstherapie scheitern. Umgekehrt wird aber auch ein Schuh draus: Ohne verhaltenstherapeutische Begleitung ist die alleinige Anwendung der genannten Medikamente ungefähr so sinnvoll wie die Reparatur einer schadhaften Autobahnbrücke mit Moltofill!

Kleintierpraxis Rückert / Bernick, Römerstraße 71, 89077 Ulm, www.tierarzt-rueckert.de

Vielen Dank für die Kooperation an Ralph Rückert!

15 Milieubedingte Unsicherheit und Angst

Angst statt »Dankbarkeit« – so ließe sich das Schicksal vieler Tierschutzhunde treffend zusammenfassen. Mal ganz abgesehen davon, dass der Begriff der »Dankbarkeit« schon völlig vermenschlicht und in keiner Weise beim Hund vorkommend im Tierschutzbereich missbraucht wird, ist es in einer fatalen Weise tierschutzrelevant, die »Rettung« von Hunden aus dem Ausland pauschal und grundsätzlich als positives Engagement darzustellen. Sicherlich gibt es seriöse Tierschutzorganisationen, das soll nicht abgestritten werden. Und sicherlich gibt es Einzelschicksale von Hunden, bei denen die Verbringung in unsere Zivilisation Leben rettet und Chancen birgt. Aber nicht in der Masse und der Grundsätzlichkeit – und erst recht nicht mittels Mitleid erregender und kaufmännisch strategisch optimal aufgebauter Internetseiten, die immer und für Jedermann das passende »Notfellchen« anzupreisen haben.

Wohlgenährt und mit glänzendem Fell: Diese Hunde leiden offensichtlich keine Not und müssen auch nicht gerettet werden. Vielmehr könnte man neidisch auf ihr Leben und ihren Lebensraum werden …

Jedes Lebewesen erfährt in seiner individuellen Entwicklung eine sogenannte Lebensraumprägung. Wie bereits erwähnt, wird die Umwelterfahrung, die der Hund in den etwa ersten drei Lebensmonaten in seinem Gehirn abspeichern kann, später zu einer bekannten, oftmals auch beruhigenden Wirkung führen. Umgekehrt wird, je stärker der Unterschied zwischen der derzeit erlebten und der eigentlich erwünschten Umwelt gerade ist, ein umso stärkeres Suchverhalten auftreten. Gerade Tierschutzhunde, die sich oft und zwar charakteristischerweise meist nach circa drei bis vier Wochen aus der neuen Haltung verabschieden und weglaufen wollen, zeigen dieses Suchverhalten sehr deutlich. Es wird schlichtweg die Bewertung vorgenommen, inwieweit die derzeit herrschende Umwelt mit der wünschenswerten, als geprägtem Lebensraum ursprünglich abgespeicherten übereinstimmt. Je geringer diese Übereinstimmung ist, desto mehr wird entweder mit Unsicherheit, bei starker Abweichung und dem Gefühl der Überforderung gegebenenfalls eben auch mit Angst reagiert.

Hat der Hund eine eher aktive Verhaltenstendenz, wird er versuchen, aus dieser Situation zu entwischen. Da aber gerade, wie bereits erwähnt, die aus dem Ausland importierten oder aus anderen ungünstigen Haltungsbedingungen stammenden Hunde oftmals eher dem zu Unsicherheit und abwartender Tendenz neigendem B-Typ angehören, wird sehr oft eben dann auch die negative Rückkopplungsschleife, die schließlich bis zu Angst, Panik oder erlernter Hilflosigkeit führen kann, aktiviert. Letztlich handelt es sich dabei eben wieder um die bereits besprochene Angst aus mangelnder Umweltsozialisation.

Diese Lebensraumprägung bedingt Auswirkungen, die sich individuell unterschiedlich bemerkbar machen können. Wie bei uns Menschen, so geht auch bei den Hunden jedes Einzelwesen aufgrund unterschiedlich ausgeprägter Stressempfindung und variierender Nervenstärke mit vergleichbaren Situationen anders um. Den einen verunsichert es, den nächsten juckt es nicht – und den Dritten versetzt es in Angst und Schrecken! Es ist hinlänglich bekannt und vielfach nachgewiesen, dass eine nicht unbedeutende Prozentzahl an körperlichen und seelischen Erkrankungen des Menschen auf umweltbezogene Gegebenheiten zurückzuführen sind. Luftverschmutzung und anhaltender Lärm gehören an obersten Stellen mit dazu. Und Lärm und Gestank ist zumindest in der Stadt immer und überall. Warum sollten diese Einflüsse unsere Hunde verschonen?

Viel zu oft breitet sich das Denken im menschlichen Kopf aus, dass das Tier sich in all seinem Handeln und Empfinden den jeweiligen, vom Menschen geschaffenen und/oder von diesem bevorzugten Rahmenbedingungen anzupassen hat. Gerade beim Hund, dem Weltmeister der Anpassungsfähigkeit, gelingt das ja auch in erstaunlich hohem Maße. Aber eben nicht immer ohne Folgen. Stress, Angst, aber auch Aggression sind einige davon, wobei häufig auch noch das eine das andere bedingt. Nach den Ursachen von Verhaltensauffälligkeiten und erhöhter Krankheitsanfälligkeit wird leider oft viel zu spät gründlich geforscht.

Malcolm Gamble hat sich mit der Auswirkung von Geräuschen auf Versuchstiere auseinandergesetzt, sein Resümee veröffentlichten Leeds und Wagner: »Die zur Verfügung stehenden Daten (Anmerkung Gansloßer/Krivy: aus 126 Studien) bestätigen, dass es zu Stress führen kann, wenn Tiere Geräuschen ausgesetzt werden, dessen Folgen auch noch einige Wochen später offensichtlich sind.« (Leeds/Wagner, 2009, S. 44) Weiter wird hier nach Gamble berichtet, dass Mäuse, die in einer Trächtigkeit mittels Geräuschen über 80 dB unter Stress gesetzt wurden,

Nachkommen mit abnormalen Verhaltensmustern hervorbrachten. Übertragen wir diese Beobachtungen nun auf »gerettete« Straßenhunde, womöglich jahrelang in bestimmten Umweltbedingungen lebend oder gerade trächtig zum Zeitpunkt des Einfangens und Verbringens in das vermeintlich »bessere« Leben, dann lässt sich leicht ableiten, warum es hier so viele Angstproblematiken, aber auch hypernervöse und konzentrationsbehinderte Tierschutzhunde gibt.

Das Leben solcher Hunde unterlag vermutlich völlig anderen klimatischen Bedingungen, der Tag war klar strukturiert mit Schlaf-/Wachzyklen, aktiven und passiven Phasen, bekannten Gerüchen, Geräuschen, Objekten und Subjekten. Nun ist alles anders für die Tiere. Ihr Gehirn ist womöglich kontinuierlich in Alarmbereitschaft, Blutversorgung und -gerinnung sind auf anstehende Aktivität und mögliche Auseinandersetzung ausgerichtet, der Körper auf Kampf oder auf Flucht eingestellt. Und in solch einem Zustand soll ein Lebewesen sich jetzt an etwas gewöhnen, womöglich etwas lernen? Wie soll das gelingen? Woher sollen hierzu Energie und Kapazität kommen? Selbst eine reine Gewöhnung erfolgt nicht selten sehr schleppend, nur über sehr lange Zeiträume – oder auch gar nicht.

Leeds und Wagner bezeichnen die enorme Anpassungsfähigkeit des Hundes als dessen »Achillesferse« und stellen fest: »Das Resultat ihrer bedingungslosen Bereitschaft uns zu folgen ist, dass Hunde heute mehr unter Stress stehen als jemals zuvor.« (2009, S. 13)

Straßenhunde in Nepal führen überwiegend kein schlechtes Leben.

Ein paar interessante Infos zu Schallpegeln

Schallpegel dB	Schallquelle	Gefährlichkeit
10 dB 25 dB 30 dB	Blätterrascheln Atemgeräusche Flüstern	völlig ungefährlich
50 dB 55 dB 60 dB	Vogelgezwitscher Radio/Fernsehen Zimmerlautstärke Gespräche	ungefährlich, aber die Konzentration wird beeinträchtigt
70 dB 80 dB	Staubsauger Verkehr	Risikoerhöhung für Herz-Kreislauf-Erkrankungen
95 dB 100 dB 105 dB 110 dB	Holzfräsmaschine Diskothek Schlagschrauber Rockkonzert	bei längerer Einwirkung Gefahr von Hörschäden
140 dB	Flugzeugstart	unerträglich laut, Gehörschaden

Und das Gehör von Hunden ist noch sehr viel feiner als das des Menschen!

16 Geräusch-probleme

Die Reaktion auf Geräusche ist keineswegs ein einheitliches und von gemeinsamen Motivations- und Steuerungssystemen beeinflusstes Geschehen. Zunächst muss auch hier unterschieden werden zwischen Furcht- und Angstreaktionen. Eine Untersuchung in einer holländischen Arbeitsgruppe zeigte, dass Hunde sehr unterschiedlich reagieren, wenn sie bei einem plötzlichen, lauten und heftigen Geräusch die Ursache dessen erkennen können oder wenn dies eben unvorhersagbar und ohne erkennbare Ursache geschieht. Schlägt ein Mensch Topfdeckel zusammen oder fällt eine Plastikplane laut raschelnd von der Decke herunter, so reagieren diese Hunde oftmals mit einer sehr konkreten Reaktion, beispielsweise mit aktivem Unterwerfungsverhalten gegenüber dem Lärm produzierenden Menschen. Da sie nicht wissen können, dass im Versuchsaufbau die Beendigung der Lärmproduktion nach einigen Sekunden ohnehin vorgesehen ist, sehen sie offensichtlich auch ihr Verhalten als eine erfolgreiche aktive Problemlösung an. Sie zeigen nämlich keinerlei erkennbare Angstanzeichen im Verhalten und auch keinerlei stressphysiologische Reaktionen danach.

Wird dagegen beispielsweise aus einem Deckenlautsprecher einige Sekunden sehr laute Musik produziert oder steht der Mensch, der die einschlägigen Geräusche produziert, hinter einer undurchsichtigen spanischen Wand, so reagieren die Hunde je nach Persönlichkeit entweder mit deutlicher Furchtreaktion, also einer Aktivierung des aktiven Stresssystems, oder mit einer eher durch die Cortisolausschüttung verursachten Reaktion der passiven Beantwortung.

Hütehunde erwiesen sich in verschiedenen Studien als anfälliger für Geräuschproblematiken.

Eine Gruppe von männlichen Collies wurde in zwei potenziell Furcht auslösende Situationen gebracht. Zum einen wurden sie über verschiedene unbekannte Untergründe geführt, zum anderen wurde ein Schuss abgefeuert. Zunächst war bemerkenswert, dass beide Versuchssituationen ganz unterschiedlich bewertet wurden.

Manche reagierten sehr stark auf den Schuss, andere auf den Boden. Und andere reagierten überhaupt nicht auf das eine oder andere. Es entstanden also vier Reaktionsgruppen. Hunde, die auf unbekannte Fußböden stark mit Furcht reagierten, erhöhten ihren Herzschlag insgesamt wesentlich stärker als die anderen Versuchsgruppen. Jedoch auch bei denen, die keine erkennbaren Anzeichen von Verunsicherung auf dem Fußboden zeigten, stieg die Herzschlagrate deutlich an. Einige Blutwerte, entweder die Konzentration der Stresshormone Cortisol und Vasopressin, sowie die oft auch als Glückshormone bezeichneten Endorphine, erhöhten sich sehr stark bei den Hunden, die auf die Gewitterschüsse heftig reagierten. Furchtsame Hunde erhöhten nach bestandenem Test, insbesondere nach Überwinden des unbekannten Fußbodenbelags, dramatisch ihren Testosteronwert. Testosteron wird ja auch als das Hormon des sozialen Erfolgs bezeichnet. Sie waren offensichtlich mit sich selbst zufrieden, dass sie diese Aufgabe gemeistert hatten.

Hier erkennen wir wieder den Unterschied! Cortisol bei unvorhersagbaren Reizen, also Angst. Herz-Kreislauf-Aktivierung, also das aktive Stresssystem, bei konkreten Reizen, also Furcht.

Oftmals wird berichtet, dass beispielsweise absolut schusssichere Jagd- oder auch Polizeidiensthunde trotzdem Gewitter- oder auch Silvesterangst entwickeln. Eine der möglichen Ursachen dafür liegt in der unterschiedlichen Akustik. Nicht umsonst spricht man in der Trivialliteratur oftmals von peitschenden Schüssen. Schüsse aus kleinkalibrigen Waffen haben nämlich einen sehr hohen Anteil von hochfrequenten Schwingungen, was wiederum ihre Lokalisierung ermöglicht und erleichtert. Bei Gewitter und bei Silvesterfeuerwerk dagegen, vor allem dann, wenn Böller, große Kanonenschläge und ähnliche Feuerwerkskörper beteiligt sind, hat man sehr tiefe, langsame Schwingungen. Diese sind insgesamt wesentlich schwerer zu lokalisieren. Für einen Hund, der einen konkret abgefeuerten Schuss auf der Jagd oder auch in der Diensthundeausbildung hört, ist es also vergleichsweise einfach, mit seinem sehr feinen räumlichen Gehör auch die Quelle des Schusses zu orten. Und wenn er denn schnell genug hinschaut, sieht er oft auch noch den Schießenden mit der Waffe im Anschlag.

Ein Hund, der Silvesterböller oder Feuerwerk speziell bei Nationalfeiertagen und zu ähnlichen Anlässen hört, kann dagegen den Ort, an dem dieser bedrohliche Ton entsteht, oftmals nicht lokalisieren. Bisweilen entsteht auch noch der Eindruck, dass die Gefahr ihn umzingelt, da es mal von da, mal von dort donnert und kracht. Oftmals ist, wie eine Zusammenstellung von Emily Blackwell und Co-Autoren, ebenfalls aus der Gruppe Bradshaw zeigt, auch eine allgemeine Geräuschempfindlichkeit mit der Furcht oder Angst in Zusammenhang mit Feuerwerk, Gewitter oder auch Gewehr und Kleinkaliberschüssen verknüpft. Die Anfälligkeit stieg eindeutig mit der Zunahme des Alters vom Hund an.

Die Anfälligkeit für Geräuschempfindlichkeit nimmt mit voranschreitendem Alter zu.

Eine weitere interessante Abhängigkeit ergab sich aus der Vorgeschichte: Hunde, die im Haushalt ihres jetzigen Halters gezüchtet worden waren und dort verblieben, waren weniger anfällig gegen Geräusche als solche, die in der Zwischenzeit mindestens einmal den Halter gewechselt hatten. Auch hier zeigt sich offensichtlich ein besseres Eingebettetsein in der angestammten Kernfamilie als wesentliches, stressdämpfendes Element. Hunde, die in ihrer frühen Jugend bereits mit heftigen Geräuschen konfrontiert waren, hatten ein höheres Risiko zur Entwicklung der später entstehenden Geräuschproblematik. Die Gewöhnung ist wahrscheinlich abhängig von der Stärke der Reize: Wenn der Reiz zu stark und damit über das Anpassungssystem hinausgehend ist, dann wird er zur Störung – mit allen kausalen Folgen. Auch eine Rassenabhängigkeit hat sich eindeutig ergeben.

Ein wesentlicher Unterschied zwischen der Geräusch- und der Trennungsproblematik ist die Reaktion auf einen anwesenden, gut gebundenen Zweithund. Während im Zusammenhang mit der Trennungsproblematik entgegen vielfach geäußerter Erwartungen die Anwesenheit eines Zweithundes nur selten zu einer Dämpfung der Erregung und damit zu einer besseren Bewältigungsstrategie führt, ist bei Hunden mit Geräuschproblematik sehr oft die Anwesenheit eines mit ihnen gut gebundenen Zweithundes als Kumpan zur Lösung des Problems hilfreich.

Auch im Zusammenhang mit der Geräuschproblematik muss zunächst also durch eine individuelle Einzelfalleinschätzung der Symptome des Hundes eine mögliche Ursachenanalyse vorangetrieben werden, bevor man mit konkreten Behandlungsschritten beginnt. Eine Gemeinsamkeit beider Probleme in dieser frühen Ursachenanalyse ist auf jeden Fall die Anfertigung von Videoaufnahmen. Im Zusammenhang mit der Trennungsproblematik ist, wegen der 20-Minuten-Periodik, eine Dauer von mindestens

Für Welpen aus dem Tierschutz, aber auch für Vermehrer- und Händleraufzuchten, ist der ganz normale Alltag nicht selten Furcht einflößend und kaum zu bewältigen. Fehlende Erfahrungen führen bei ihnen zu sogenannten Deprivationsschäden.

einer bis 1,5 Stunden unablässiger Videoaufnahmen vom Hund während des Alleinseins notwendig. Bei der Geräuschproblematik sollte die Videoaufnahme auf jeden Fall einige Minuten vor dem Geräusch beginnen.

In den meisten Fällen haben sich Geräusch-CDs als relativ unwirksam für die Desensibilisierung bei einer Gewitter- oder Silvesterangst erwiesen. Dies liegt u.a. schon an der Akustik der verwendeten Geräte. Hunde hören nun mal in einem Frequenzbereich, der nicht nur von für uns Menschen, sondern oftmals auch von für unseren menschlichen Gebrauch angefertigte Lautsprecherverstärkeranlagen nicht abgedeckt wird. Einige Hunde reagieren erfahrungsgemäß durchaus gut auf die Versuche der Desensibilisierung mit der Geräusch-CD, möglicherweise sind dies diejenigen, die ohnehin das unangenehme Geräusch mit einem Frequenzbereich verknüpft haben, der unserem menschlichen nahe kommt. Andere dagegen, die (zufällig?) die unerwünschten Reaktionen mit einem Frequenzbereich außerhalb der menschlichen Hörweite verknüpft hatten, reagieren dagegen auf die Geräusche der letztlich für Menschen gemachten Lautsprecher- und Verstärkeranlagen kaum.

Eine letzte, auch oftmals geäußerte und nicht eindeutig belegbare Vermutung ist diejenige, dass die menschliche Vorreaktion auf ein heranziehendes Gewitter, also das hektische Schließen aller Fenster und Türen, Hereinholen der Wäsche und eventuell auch die Erwartung einer gleich wieder beginnenden heftigen Hundereaktion seitens des Menschen durch Stimmungsübertragung zu der genannten Problematik beitragen würde. Zwar haben Untersuchungen an Zootieren, selbst in den Bombennächten des Zweiten Weltkriegs, eine erstaunlich hohe Toleranz solcher Geräuschkulissen gezeigt. Jedoch wurde beispielsweise in einer Kojoten-Zuchtstation des amerikanischen Landwirtschaftsministeriums eine deutlich erkennbare Geräuschangstproblematik in der Cortisolproduktion bei den Feierlichkeiten zum amerikanischen Nationalfeiertag gemessen. Auch dort werden Blaskapellen hin und her getrieben und gleichzeitig Feuerwerke gestartet, und die Kojoten, obwohl kein menschlicher Pfleger zu dieser Zeit hektisch die Türen geschlossen, die Wäsche geholt oder sich selbst in Erwartung einer Angstreaktion seiner Pfleglinge heftig aufgeregt hatte, hatten eben auch die gleiche Reaktion im Cortisolsystem wie die mit Feuerwerk oder Gewitterangst geschlagenen Hunde. Die Reaktion war um so heftiger, je näher der Zwinger an der Eingangstür der Zuchtstation lag, also in Abhängigkeit von der Lautstärke und Heftigkeit des Blassmusikgetöses. Und mit den immer umfangreicheren Erkenntnissen aus der Epigenetik dürfte es eine begründete Sorge sein, wenn man sich fragt, was solche dauergestressten und tief verunsicherten Tiere für Nachkommen hervorbringen, selbst wenn diese in einem vermeintlich stressarmen und behüteten Umfeld aufwachsen. Das betrifft auch Hunde aus Kriegsgebieten und ihre Nachkommen!

Auch das Thema der Gewitter- und Feuerwerksproblematik kann bei Hunden unter Umständen durch eine kompetente verhaltensmedizinische Einzelfallberatung und bisweilen auch durch den Einsatz der richtigen Psychopharmaka bearbeitet werden. Ohne auf dieses Thema detailliert einzugehen, muss jedoch vor einem gewarnt werden. Die bisweilen von Tierärzten immer noch verordneten Neuroleptika führen zwar zu einer verminderten Motorik, stellen den Hund also äußerlich ruhig, aber die Sinneswahrnehmung wird, auch nach Angaben des Herstellers, dadurch nicht beeinflusst. Der Hund wird also in einen nochmals verstärkten Zustand der Hilflosigkeit und des Kontrollverlusts geführt, wenn er gerade zu Zeiten einer extremen Stressbelastung auch noch seiner motorischen Fähigkeiten teilweise beraubt wird.

Gerade zu dem Thema der Geräuschempfindlichkeit oder noch spezieller im Zusammenhang mit Feuerwerk, Gewitter usw. wurden in den vergangenen Jahren eine Reihe von speziellen Veröffentlichungen bekannt. Gähwiler et al. (2020) zeigten, dass bei Hunden mit Feuerwerksproblemen rund um Silvester (eine Untersuchung aus der Schweiz wird hier vorgestellt) eine hohe Variabilität in der Häufigkeit verschiedener Verhaltensweisen festgestellt werden kann. Gerade das Blinzeln, aber auch Bewegungsaktivität, Hecheln, Lautgebung und Sich-Verstecken wurden während der Feuerwerksdarbietung deutlich erhöht registriert. Aufgrund der hohen Variabilität zwischen den gemessenen Hunden wurde jedoch keine statistische Signifikanz erzielt. Andere sogenannte Belastungssignale, wie Gähnen oder Lippenlecken, waren bei den beobachteten Hunden nicht erhöht.

Stefanie Riemer (2020) beschäftigte sich auch mit einigen Vorbeugungsmaßnahmen im Zusammenhang mit der Feuerwerksproblematik. Die einzigen von den Haltern und Halterinnen vorab gezeigten Aktivitäten, die eine Reduzierung der Furchtantworten ermöglichten, waren Füttern und/oder Spielen. Eine vorbeugende Zuwendung seitens des Menschen kann den Hunden also durchaus guttun! Auch das wiederum im Gegensatz zu der oftmals traditionell geäußerten Empfehlung, man müsse diese aufkommenden Ängste möglichst ignorieren.

Lynn Mari Storengen und Frode Lingaas (2015) untersuchten Geräuschempfindlichkeit in Abhängigkeit von 17 verschiedenen Hunderassen. Von diesen 17 Hunderassen war der norwegische Buhund, der Irische Terrier und der Langotto Romagnolo mit der höchsten, der Boxer, der Chinesische Schopfhund und die Deutsche Dogge am seltensten mit Geräuschfurcht geschlagen. Weibliche Hunde hatten eine höhere Geräuschsensibilität als männliche und kastrierte mehr als intakte. Bei allen betrachteten Rassen nahm der Trend mit dem zunehmenden Alter zu.

Daniel Mills hat noch einen anderen, sehr bemerkenswerten menschlichen Aspekt in diesem Zusammenhang angeführt: Wenn man vergleicht, wie viele Hunde wegen einer Trennungsstörung letztlich im Tierheim landen, so ist dieser Prozentsatz wesentlich höher als derjenigen, die wegen Silvester- oder Feuerwerksproblemen dort landen. Die Symptome sind ja offensichtlich oft dieselben, der Hund jault, heult, zerstört Möbel, wird stubenunrein und fällt in anderer Weise seinem Menschen »zur Last«. Da aber doch eine sehr merkwürdige menschliche Psyche dazu gehört, einem Hund bei Silvester- oder Gewitterangst ein bewusstes Kontrollieren-Wollen, ein Sich-Rächen am Menschen oder andere »niedere Beweggründe« zu unterstellen, während dies leider immer noch viel zu oft bei der Trennungsstörung angeführt wird, wird eben auch sehr viel leichter ertragen, was der Hund im Bereich der Gewitter- und Silvesterzeiten durchmachen muss, während man bei der Trennungsstörung ihm immer noch die genannten niederen Beweggründe, nämlich Rache am Menschen fürs Alleinlassen, »Kontrolletti«-Sucht, da der Hund den Menschen immer begleiten möchte, und vergleichbare Dinge unterstellt.

Die genannten, hier nur kurz angerissenen Studien können also nur ein leidenschaftliches Plädoyer für die individuelle Einzelfallbetrachtung durch wirklich kompetente Fachleute sein. Doch: Viele sind berufen, nur wenige sind auserwählt. Dies gilt also insbesondere dann, wenn man versucht mithilfe von Therapeuten die Probleme der Gewitter-, Silvester-, Feuerwerks- oder eben auch der Trennungsangst beim Hund sinnvoll zu behandeln und zu lindern. Selbst gemachte oder vom Nachbarn übernommene Ratschläge helfen hier in der Regel nicht weiter, sondern können das Problem noch verschärfen.

Fallbeispiel: Tierschutz at its worst

Ilias' Fall ist ein Paradebeispiel dafür, wie es nicht laufen sollte. »Notfall! Herrchen ist krank, Hund sucht ein neues Zuhause.« Diese Zeilen waren auf der Internetseite einer Tierschutzorganisation zu lesen, an die ich mehr oder weniger zufällig geraten war. Über verschlungene Wege erfuhr ich von dem Hund, der auf einer Pflegestelle saß, wo er kaum zur Ruhe kam und von übermächtiger Angst und auch Furcht, vor allem vor bestimmten Geräuschen, gequält wurde. Die deutsche Vermittlerin bat mich Ende Februar 2010, diesen Hund, dem mittlerweile bereits das Etikett »untrainierbar« anhaftete, zu begutachten. Ein anderer Hundetrainer hatte sogar schon seine Einschläferung angeregt.

Zu seiner Vorgeschichte: So weit es in Erfahrung zu bringen war, lebte Ilias in Griechenland auf der Straße und wurde als knapp Einjähriger von Tierschützern eingefangen. Er wurde dann von Patras nach Deutschland gebracht und an Menschen vermittelt, die mit seiner hier offenkundig werdenden Angst vor allem und jedem nicht umzugehen wussten. Allein deren Lebensumstände waren Gift für den instabilen kleinen Kerl. Nicht nur, dass das Kind des Hauses unter ADHS litt, sodass selten wirklich Ruhe einkehrte, auch die vorherrschenden Erziehungsmethoden waren offenbar recht rabiat. Als dann noch die Hauptbezugsperson, der Mann des Hauses, an Krebs erkrankte, war die Frau endgültig überfordert. Ilias wurde zum »Rückläufer« – und kam mit der Pflegestelle, auf die man ihn versetzte, vom Regen in die Traufe.

Hunde, die ein solches Leben gewöhnt sind, womöglich schon über Generationen, sind auf diesen Lebensraum geprägt. Es ist nur zu verständlich, dass Straßenlärm, Hektik, Enge und Zivilisationsgedränge bei ihnen Unsicherheiten auslösen können.

Auch in seinem neuen Zuhause war er umgeben von einer unendlichen Menge an Umweltreizen, die ihn immer wieder in Panik versetzten. In seiner Hilflosigkeit versuchte er u.a. durch geschlossene Türen und Fenster zu flüchten. Als ich ihn kennenlernte, hatte er tagelang kaum geschlafen, die Augen fielen ihm immer wieder im Stehen zu.

Das Gespräch verriet mir im Grunde nur, dass die vergleichsweise hundeunerfahrene Pflegestellenfrau und der so stressanfällige Hund keine gute Kombination und alle miteinander gnadenlos überfordert waren. Unter den Bedingungen, die hier herrschten, wäre er wahrscheinlich tatsächlich untrainierbar gewesen. Wo ein Kleinkind schrie, ein Welpe herumwuselte, ein weiterer Hund sein Zuhause hatte, direkt neben den Meerschweinchen, die im Wohnzimmer in ihrem Käfig fiepten, war einfach zu wenig Raum und viel zu wenig Ruhe, um Ängste bewältigen zu können. Der Erregungslevel war bereits durch den andauernden Grundstress viel zu hoch, insbesondere weil zwei weitere Panikauslöser quasi nicht einmal bei gutem Willen abzustellen gewesen wären: zum einen der Fluglärm, der durch die ständig am nahe gelegenen Fliegerhorst startenden und landenden Starfighter produziert wurde, zum anderen das »Pling« der Mikrowelle, in der immer wieder Nahrung erhitzt wurde.

Da das Pflegestellenfrauchen eindeutig und klar sagte, dass sie den Hund nicht länger beherbergen wolle, stellte ich Ilias meinen beiden damaligen »Jungs«, Ben und Seppl, vor. Nach gegenseitiger hundlicher Sympathiebekundung durfte der Kleine mit an Bord, um zunächst einmal als Pflegling bei mir Station zu machen. So war der Plan. Standhaft beteuerte ich, ihn nach erfolgtem Training vermitteln zu wollen. Ich bin sicher, ich glaubte mir zu diesem Zeitpunkt noch selbst. Meine Umwelt allerdings tat das nicht eine Sekunde lang. Niemand hätte Wetten dagegengehalten, dass der Bub, den ich bereits auf den Namen »Ilias«, was im Griechischen so viel wie »Kind der Sonne« oder »Kind des Lichts« bedeutet, getauft hatte, auf Dauer bei mir bleiben würde.

Die Sorge, dieser wunderbare Hund könne in den falschen Händen mit seinen Ängsten zum »Wanderpokal« werden, obsiegte. Doch es war Ilias, der den Entschluss letztlich besiegelte. Denn er bewies, dass die Geschichten rund um sein Panikverhalten nicht nur Gerüchte waren. Was er bei mir nicht gezeigt hatte, kam zutage, als er, dessen Aufenthalt bei mir ja nicht geplant war, furchtbares Angstverhalten zeigte, nur weil ich ihn drei Tage lang zu Freunden von mir geben musste, um eine lang vor seiner Ankunft geplante Reise antreten zu können.

Ich war noch keinen halben Tag weg, als mich die Nachricht erreichte: »Ilias macht Probleme!« Wortwörtlich über Tische und Bänke gehe er, sei nicht zu beruhigen, nähme kein Leckerchen, könne nicht mal Sekunden allein gelassen werden, wäre unnahbar, randaliere und mache Terror. Mir rutschte das Herz in die Hose.

Umdrehen konnte ich nicht, sodass ich zunächst einmal tierärztliche Hilfe organisierte, während ich innerlich Ilias das Versprechen gab, ihn nicht noch einmal in solcher Not zurückzulassen. Nachdem die Zeit meiner Abwesenheit überstanden war, unterschrieb ich zweierlei: einen neuen Mietvertrag und den Schutzvertrag für den kleinen Dreifarber (Anmerkung der Autoren: *Dass er einen Teil schwarz im Fell hat, kann durchaus zu seiner doch offenbar optimistischen Grundhaltung beitragen!*), der mich neben dem Umgang mit so extrem zuvor nie erlebten Ängsten noch etwas ganz Neues lehrte, dass nämlich Angsthunde in anderen Kontexten durchaus auch außerordentlich freche Schnösel sein können.

(Anmerkung der Autoren: *Solche, noch nicht generalisierten Angstzustände sind auch noch leichter zu behandeln. Es war also ein Glück, dass Nils a) offenbar doch Optimist ist und b) rechtzeitig in kompetente Behandlung kam.*)

Denn natürlich war nicht alles aus der Luft gegriffen, was man mir erzählt hatte. Natürlich gab es im Laufe der Zeit auch bei mir Situationen, in denen Ilias von Umweltreizen überflutet war und daraus resultierend unsicheres Verhalten zeigte, das nur allzu leicht in Panik umschlagen konnte. Ich hatte viel damit zu tun herauszufinden, was Auslöser waren und Lösungen sein könnten. Nähme ich Ilias nicht wahr und ernst und hätte ich nicht stets im Blick, was er auf unvergleichliche Weise kommuniziert, dass er nämlich Hilfe und Führung benötigt, um sich wieder beruhigen zu können, so wäre er auch heute noch nicht der beinahe »Hat-Nix«, der er mittlerweile weitgehend sein kann.

Zunächst waren es Ben und Seppl, die hauseigenen Hundekumpel, die dem Neuzugang Ilias eine Orientierungshilfe und Alltagsstütze waren. Später gesellten sich Malinois Athos und in dessen Nachfolge »Malinette« Lupa dazu. Nach Bens Tod im Juli 2015 zog noch Mali Parcifal bei uns ein. Gemeinsam gehen wir mit offenen Augen durch eine Welt, in der sich mein graziler Grieche zunehmend lockerer und freier bewegt. Er kommt zu mir, wenn ihm etwas unheimlich ist. Meine Führung, die er aktiv sucht und bekommt, stärkt ihn und er kann der fröhliche Kerl sein, der zuvor unter seinen Ängsten verschüttet war.

(Anmerkung der Autoren: *Der Bindungsfaktor »sicherer Hafen«, also der Rückhalt in Krisensituationen durch den Bindungspartner, wirkt sich nicht nur im Verhalten, sondern nachweislich auch in der Stressphysiologie positiv aus.*)

Ist die Beziehung zum Menschen instabil, bedingt Unsicherheit oder löst Furcht beim Hund aus, wird die Stressbelastung zusätzlich erhöht.

Seine Hundekumpels lieben ihn – und er sie. Mit ihnen oder auch mit anderen Artgenossen war er nie unsicher. Im Gegenteil, im innerartlichen Kontakt war er stets sozial kompetent und souverän. Es war und ist einfach fantastisch zuzuschauen, wie die Vierbeiner miteinander »sprechen«, aber auch zu erleben, wie sie füreinander einstehen.

Von und durch Ilias lerne ich – wie auch zuvor durch Ben und Seppl sowie noch einmal auf besondere Art durch die Malinois Athos, Lupa und Parcifal – immer wieder unendlich viel Neues über die »Wundertüte Hund«.

Was mich gerade an Angsthund Ilias fasziniert: Er ist von menschlichen Umweltreizen oft überfordert, seine Artgenossen jedoch sind stets die beste Medizin. An ihnen konnte und kann er sich orientieren. Mein kleiner Grieche mit dem großen Charme ist im Zusammenspiel auch mit vielen meiner Kundenhunde ein richtiger Star, der sogar Ben, den Hund, der nicht spielen konnte, dazu brachte, sich auf den Austausch innerartlicher Zärtlichkeiten und die eine oder andere fröhliche Rangelei einzulassen.

(Anmerkung der Autoren: *Gerade die bei lustbetontem, temperamentvollem Spiel ausgeschütteten Botenstoffe führen oft zu Verbesserungen, auch in der Gehirnstruktur* (Gansloßer und Käufer, 2022).)

Leider hat seine Vorgeschichte zum Teil immer wieder lähmende, im letzten Jahr fast katastrophale Folgen. Mein Ilias hat offenbar als Junghund eine Staupe überlebt; er weist das typische Gebiss auf. Er hat dadurch Nervenschädigungen, die sicher einen Gutteil seiner Angststörungen auslösten oder auch »nur« verstärkten.

(Anmerkung der Autoren: *Die als »Staupetick« bezeichnete neurologische Veränderung führt oftmals zu Stereotypien, Zwangshandlungen, aber auch zu Angstzuständen durch Orientierungsverlust – die Verknüpfung von Gehirnteilen ist nämlich ebenfalls betroffen.*)

Wir haben wirklich viel zusammen erreicht. Trotzdem machen ihm manchmal Geräusche, die er tage-, wochen-, monatelang kaum wahrnahm, urplötzlich Angst. Wind, eine klappernde Tür, eine rollende Mülltonne, eine Glocke und vieles mehr lösten früher leicht Panik aus. Minuten, Stunden, Tage danach erinnert nichts mehr daran. Ich kann ihn heute auffangen, solche Vorfälle sind seltener geworden, doch ganz verschwunden sind sie nicht.Relativ spät begannen *head bobbing* (ein episodisches Kopfwackeln), plötzliches Schwanzjagen, gelegentliches Zittern am ganzen Körper. Das war alles recht selten. Doch plötzlich wurde er von heute auf morgen auch noch blind und konnte kaum noch laufen. Er hatte *old dog encephalitis*, eine Spätfolge der Staupe, die Jahre später mit verschiedenen Symptomen auftreten kann. Unentdeckt und unbehandelt, stirbt der Hund. Wir konnten Ilias helfen, sein Augenlicht zum Teil wieder herzustellen, doch ich litt monatelange unter der Angst, ihn zu verlieren.

Heute ist er circa zehn Jahre alt, starrt manchmal die Wände an, wirkt immer mal wieder autistisch, wie in einer anderen Welt, ist jedoch für die, die ihn und seine Geschichte nicht kennen, augenscheinlich ein fröhlicher und normaler Hund.

17 Bindungskonzept

Die Beziehung zwischen Hund und Mensch hat viele Eigenschaften einer echten sozialen Bindung, wie sie in der Humanpsychologie zunächst zwischen Kind und Mutter, später allgemein zwischen Kind und Pflegeperson und noch später auch zwischen älteren Sozialpartnern beschrieben wird. Das Bindungskonzept findet mittlerweile in vielen Forschungsuntersuchungen und auch in der Beratung von Mensch-Hund-Teams eine direkte Anwendung (nähere Angaben dazu siehe beispielsweise Gansloßer und Kitchenham, 2024).

Die vier bei einer stabilen und gesicherten sozialen Bindung möglichst gleichwertigen Elemente sind:

- Die sichere Basis, also die Ruhe und Gelassenheit, die der Hund in Anwesenheit seines Menschen findet und die ihm beispielsweise dann auch Erkundungsverhalten, Neugierverhalten, Kontaktaufnahme zu Fremden oder auch ausgelassenes Spielen ermöglicht.

Stabil gebunden im Gleichschritt durchs Leben.

- Der sichere Hafen, der Rückzugsort in Krisensituationen, insbesondere dann, wenn man selbst in einer Situation nicht mehr weiter weiß.

- Das Element »Nähe suchen«, wobei man sich schlichtweg in der unmittelbaren Umgebung seines Bindungspartners so wohlfühlt, dass man diesen auch gerne freiwillig wieder aufsucht.

- Die Trennungsreaktion, ohne die eine Bindung auch nicht als gesichert und stabil bezeichnet werden kann. Eine übermäßige Trennungsreaktion, wie sie im Kapitel Trennungsstörung (Seite 86ff) besprochen wird, ist dagegen bereits ein Hinweis auf eine unbefriedigende Bindungssituation.

Die stabile, gesicherte Bindung zeigt sich im Wesentlichen darin, dass alle vier Elemente einigermaßen gleichberechtigt sind wie bei einem gut gestalteten vierblättrigen Kleeblatt. In vielen Fällen jedoch findet sich gerade bei Hunden mit ungünstiger Vorgeschichte eine Bindungssituation, die dieser ausgeglichenen Konstruktion nicht entspricht. Viele Hunde, die in ihrer Vorgeschichte unangenehme Erlebnisse hatten, zeigen eine unsicher-ambivalente Bindung. Das sind dann auch beispielsweise diejenigen, die mit einer Trennungsstörung aufwarten, den Menschen in seiner Anwesenheit intensiv verfolgen, ihn nicht aus den Augen lassen und sich auch sonst nicht in eigenständiger Weise Hund zu sein getrauen.

Wer seinen Hund immer nur abweist, ignoriert oder in den ersten Lebensmonaten bis Jahren überwiegend im Zwinger oder im Hof hält, riskiert dagegen eine distanzierte oder auch vermeidende Bindung, einen pseudo-unabhängigen Hund, der für sich die Entscheidung getroffen hat, seine Angelegenheiten selbst zu regeln. Wenn der Hund dabei dann auch noch Erfolg gehabt hat, ist es sehr schwer, solche Hunde später wieder an ein Teamwork mit dem Menschen heranzuführen. Und das erst recht, wenn er eh einem gern selbständig agierenden Hundetyp angehört!

Die chaotische oder gestörte Bindung dagegen zeigt sich zum Beispiel durch das Auftreten von Stereotypien und Zerstörungsanfällen bereits in kurzen Trennungssituationen, ein hektisches und unvorhersagbar hin und her pendelndes Verhalten des Hundes in Belastungssituationen und eine weitgehende Stressanfälligkeit auch und gerade in Anwesenheit des menschlichen Bindungspartners. Dieser Bindungstyp findet sich oftmals bei Hunden, deren Menschen selbst, beispielsweise aufgrund von psychischen Erkrankungen, Drogen- oder Alkoholabhängigkeit etc. chaotisch und unplanbar reagieren sowie bei Tierschutzhunden aus Beschlagnahmefällen, die wirklich Schlimmes in ihrer Jugend erlebt haben.

18 Trennungsstörung und Trennungsangst

Wie schon oft und in verschiedenen Zusammenhängen erwähnt, gehört eine Trennungsreaktion durchaus zum normalen Bindungsverhalten. Ein Hund, der ohne jede Veränderung auf das Weggehen seines Menschen reagiert und diesen auch beim wieder nach Hause kommen nicht begrüßt, kann bereits als unsicher-distanzierend oder vermeidend gebunden voreingestuft werden. Jedoch muss die Trennungsreaktion auch, nicht zuletzt aufgrund von vorhergehenden positiven Erfahrungen mit dem Weggehen und Wiederkommen des geliebten Menschen, eben in einem vernünftigen Rahmen bleiben.

Vorweg einige wichtige Hinweise:

- Es gehört sich, beim Weggehen vom Hund ein kurzes, vorher eingeübtes Verabschiedungsritual und beim wieder nach Hause kommen ein Begrüßungsritual zu etablieren. Wortlos und ohne möglichst irgendwelche Vorzeichen einfach zu verschwinden und den Hund beim nach Hause kommen zu ignorieren, ist nicht nur unhöflich, sondern sogar in den Anforderungen eines rein funktionalen Beziehungskonzeptes bereits kontraproduktiv. Verlässlichkeit, Planbarkeit und Vorhersagbarkeit des Beziehungspartners sind notwendige Voraussetzungen für den Aufbau einer Beziehung. Wenn es dann noch um die emotionale Komponente einer echten Bindung geht, wird dies noch wichtiger. Die schwedische Doktorandin Theresa Rehn hat beispielsweise gezeigt, dass Hunde, die nach dem Weggehen und Wiederkommen ihres Menschen verbal und manipulativ, also mit Stimme und Streicheleinheiten oder ähnlichen Aktionen begrüßt wurden, innerhalb weniger Minuten wieder vollständig im hormonellen Urzustand waren, wohingegen Hunde, die nur verbal begrüßt wurden, zwar die Stresshormone herunterfahren konnten, den Spiegel des Bindungskomplexes rund ums Oxytocin dagegen nicht erhöhten. Wurden die Hunde beim nach Hause kommen ignoriert, waren die Reaktionen noch deutlicher, selbst fast eine Stunde nach dem wiederkommen des Menschen war der Hund völlig im Ungleichgewicht.
- Ebenso ist es normal, dass Hunde beim Weggehen des Menschen in der Nähe der Tür liegen, auch das gehört zum normalen Bindungskonzept und wird bspw. ebenso wie die Begrüßungsreaktion auch in einem Bindungstest als Qualitätskriterium angesehen.

Jede Trennungsreaktion verläuft in mehreren Phasen, wobei die erste als Protestphase und die zweite als Depressionsphase bezeichnet wird. Im Normalfall äußert sich die Protestphase, wie der Name vermuten lässt, in Rufen und Suchen nach dem Partner, Aufenthalt an Orten, an denen man oft mit ihm zusammen war und anderen aktiven Bemühungen. Hierbei ist auch das aktive Stresshormonsystem, also das Nebennierenmarksystem rund um Adrenalin und Noradrenalin noch aktiviert.

Manch ein Vierbeiner »informiert« heulend die Nachbarschaft, wenn seine Bezugsperson aus dem Haus gegangen ist.

Die Depressionsphase schließt sich nach unterschiedlich langer Zeit an und führt zu einer überwiegend von Cortisol gesteuerten, eben inaktiven, desinteressierten, oftmals auch regelrecht traurigen Gesamtwirkung. Was so traurig klingt, nämlich das Heulen des Hundes nach dem Weggehen des Menschen, ist jedoch weder depressiv noch traurig. Vielmehr handelt es sich dabei einfach nur um Stimmfühlungslaute, die Konrad Lorenz bei seinen Gänsen so schön mit den Worten: »Hier bin ich, wo bist du?« übersetzt hat. Freilandbeobachtungen, zum Beispiel an Wölfen, zeigen, dass durch dieses Heulen ein verloren gegangenes Rudelmitglied wieder Kontakt zur Gruppe herstellt und dann regelrecht wie auf einem Peilstrahl im Duettgesang mit der Gruppe zusammengeführt wird.

Untersuchungen an handaufgezogenen, aber in Rudeln gehaltenen Wölfen zeigen noch etwas anderes: Wird der bevorzugte Bindungspartner eines zurückgebliebenen Wolfs zu einem Leinenspaziergang aus dem Gehege geführt, reagiert bevorzugt der betreffende Bindungspartner mit sehr intensivem Heulen. Wird der Ranghöchste oder ein ranghohes Individuum zum Leinenspaziergang aus der Gruppe geholt, reagiert die ganze Gruppe mit Geheul. In beiden Fällen jedoch ist die Intensität des Heulens nicht mit dem Cortisolspiegel, also der wirklichen Stressbelastung verknüpfbar.

Damit aus einer Trennungsreaktion nun eine Trennungsstörung wird, müssen eine Reihe von Verhaltenseigenschaften oder übertriebenen Handlungen dazukommen. Neben dem Bellen und Heulen, das sich dann auch noch durch Winseln verstärkt, gehören das Zerstören von Gegenständen durch Kauen und Kratzen, Stubenunreinheit, eine entweder depressive oder hyperaktive Verhaltensänderung, ein häufiges Abspulen von Übersprungsverhalten oder Bewegungsstereotypien und/oder eine Kombination aller dieser Elemente dazu. Hunde mit Geräuschangst oder Furcht vor Geräuschen haben ebenfalls ein höheres Risiko für Trennungsprobleme.

Ohne auf das Problem der Trennungsstörung im Einzelnen detailliert eingehen zu wollen, seien einige wichtige Informationen hierfür noch geliefert:
Untersuchungen an alleingelassenen Hunden zeigen, dass normalerweise die Stimmfühlungslaute, also das Heulen und Bellen und auch die Aktivitätsausbrüche in einem circa 20-minütigem Rhythmus auftreten. Bei Hunden, die sich trotz dieser Trennungsreaktion relativ problemlos mit der Situation abfinden, wird die Intensität dieser Aktionen von einer 20-Minuten-Periode zur nächsten immer schwächer. Die Schwingungen werden also sozusagen in ihrer Heftigkeit gedämpft, und irgendwann liegt der Hund dann auch ruhig. Hunde mit Trennungsproblemen dagegen tendieren dazu, die Schwingungen gewissermaßen aufzuschaukeln, das heißt von einem Mal zum nächsten steigern sich die Lautstärke, Dauer, Heftigkeit oder andere quantitative Parameter der Protestaktionen.

Hunde können offensichtlich im Zeitraum von circa vier Stunden auch die Abwesenheit ihres Menschen in der Länge taxieren. Wiederum zeigen Theresa Rehns Untersuchungen, dass Hunde wesentlich anders reagieren, wenn ihr Mensch länger als vier Stunden abwesend war als wenn er zwei Stunden oder nur 30 Minuten wegging. Ab etwa vierstündiger Abwesenheit reagieren Hunde deutlich mit sehr viel mehr Begrüßungsverhalten als bei kürzeren Abwesenheiten. Es wird vermutet, dass der Zerfall der Duftstoffe, die der Mensch in der Wohnung zurückließ, dem Hund eine Zeitvorstellung vom Fehlen der vertrauten Person gibt. Es ist also falsch zu behaupten, dass die Länge einer Abwesenheit für die Hunde keine Rolle spielen würde.

Untersuchungen von Daniel Mills und Mitarbeitern haben des Weiteren gezeigt, dass für die echte Trennungsstörung eine ganze Reihe verschiedener emotionaler Systeme im Gehirn verantwortlich sein können. Zumindest folgende Systeme sind hierbei immer wieder angesprochen worden:

- Das Leidenssystem, das auch für intensives Schmerzerleben zuständig ist
- Das Angst- und Furchtsystem
- Das Panik- und Trauersystem
- Das Wunsch- und Begierdesystem
- Das Frustrationssystem
- Möglicherweise auch noch das Lustsystem

Je nachdem, welches dieser Systeme aktiviert ist, muss auch die Behandlung der Trennungsstörung unterschiedlich erfolgen. Es gibt Fälle, bei denen Hunde durch ein unangenehmes Erlebnis eine ganz konkrete, ankonditionierte Furcht vor dem Alleinsein haben. Beispiele dafür wären Hunde, bei denen in der Nachbarschaft der Blitz eingeschlagen und einen besonders lauten Donnerschlag produziert hat, während sie alleine zu Hause waren, oder ein Fall aus unserer Praxis, bei dem ein Hund regelmäßig zu heftigsten Trennungsreaktionen neigte, während im Obergeschoss desselben Hauses ein Artgenosse wohnte, der ihn schon mehrmals in echter Beschädigungsabsicht attackiert hat.

Das frustrierte Bewegungsbedürfnis eines möglicherweise auch nicht vollständig beschäftigten oder gelangweilten Hundes äußert sich beispielsweise darin, das die Zerstörungsanfälle durch Kratzen, Beißen etc. speziell in der Umgebung der Tür zu finden sind. Hunde, die ein frustriertes Bewegungsbedürfnis haben, reagieren beispielsweise so, wenn sie auf der Straße den Postboten sehen, den sie nicht attackieren können, oder wenn sie dort andere Hunde erblicken, zu denen sie eigentlich gerne hin möchten. In diesen Fällen kann beispielsweise die Vermeidung des Durchblicks durch eine auf den Vorhof oder die vorbeiführende Straße gerichtete Glasscheibe die Lösung des Problems schon einläuten.

Hunde, die tatsächlich aus der von vielen Trainern oftmals angesprochenen Kontrollsucht gegenüber dem Menschen mit Trennungsreaktion antworten, sind wohl relativ selten. Das Problem der in der englischen Literatur als *hyperattachment* bezeichneten, übermäßig aktivierten Bindung dagegen kann tatsächlich auftreten, vor allem bei Hunden aus dem Tierschutz oder solchen mit anderen schwierigen Vorgeschichten und bei Senioren.

Wichtig ist ausnahmslos eine genaue Diagnose der Trennungsstörung, da die gängigen Anregungen und Erziehungshinweise, wie beispielsweise eben das Ignorieren des Hundes, ein kontrolliertes Abweisen, eine größere Unabhängigkeit des Menschen vom Hund in seinen Aktivitäten etc. nur in einigen dieser Fälle greifen. Trennungsstörungen gehören also in jedem Falle in die Hand von Fachleuten – und nicht von solchen, die nur glauben es zu sein.
Häufig ist zur Behandlung eines solchen Problems auch eine grundlegende Stabilisierung der Hund-Mensch-Beziehung notwendig. Neben dem bereits angesprochenen Verbessern der Planbarkeit und Vorhersagbarkeit des Menschen gehört hier beispielsweise auch ein Ausüben der Funktion als sicherer Hafen und ein ausgeglicheneres Verhältnis von Nähe suchen und Nähe tolerieren seitens des Hundes und des Menschen dazu. Wer seinen Hund nach dem Motto hält: »Komme nie zu Deinem Fürst (= Mensch), wenn Du nicht gerufen wirst« oder »Du darfst dich nie von deinem Hund bewegen lassen, du musst immer deinen Hund bewegen«, wer also den Hund nicht auch bei dessen eigener, aktiver Suche nach Nähe akzeptiert und sich zumindest zeitweise darüber freut, hält den Hund eben in einer abhängigen und damit nicht stabilen und ausgeglichenen Beziehungssituation.

Ein interessanter Gedanke, den einige britische Kollegen regelmäßig geäußert haben, ist folgender: Möglicherweise haben wir derzeit auch deshalb so viele Hunde mit einer Trennungsstörung, weil die Hunde von vielen Menschen immer mehr infantilisiert, also als Kindersatz unmündig gehalten werden, anstatt eine ausgeglichenere soziale Kumpanbeziehung zu ihren Menschen aufbauen zu dürfen. Wer den Hund immer nur kontrolliert, sich nie auch auf deren Vorstellungen von der Gestaltung des Tags und Verhaltensaktionen einlässt, sondern immer glaubt, den Hund unter vollständige Kontrolle der eigenen Aktivitäten stellen zu müssen, wer den Hund nie Hund sein lässt, indem er ihm auch mal das Schnuppern, Erkunden, Lauschen, Vorauslaufen, ein Loch graben und andere hundliche Tätigkeiten erlaubt, der darf sich nicht wundern, wenn er dann auch einen auf Kleinstkindniveau gebundenen, extrem abhängigen und damit zur Trennungsstörung neigenden Hund bekommt (siehe Gansloßer & Kitchenham, 2024).

Untersuchungen in der Budapester Arbeitsgruppe haben zumindest eindeutig bestätigt, dass Hunde mit einer unsicher-ambivalenten

Bindung wesentlich mehr zur Trennungsstörung neigen als solche, die in einer stabilen und gesicherten Bindung zu ihren Menschen leben. Und Untersuchungen in der Arbeitsgruppe von John Bradshaw zeigten, dass Hunde, die in der zweiten Hälfte des ersten Lebensjahres in gesicherten, stabilen und eingebetteten Beziehungsnetzen leben konnten, später ein wesentlich geringeres Risiko für Trennungsstörungen aufweisen als solche, denen dieser soziale Wohlfühlaspekt in der zweiten Hälfte des ersten Lebensjahres, also zu Beginn der Pubertät, fehlt.

Hier trifft sich die Hundeforschung dann wieder mit Studien an Labortieren, die ebenfalls zeigen, dass ein soziales Wohlfühlsystem im Gehirn wesentlich stärker aktiviert wird, wenn man während der Pubertät in ein gut strukturiertes und mit Zuneigung gefülltes, soziales Beziehungsnetz hineinwachsen kann. Wer dagegen in dieser Zeit soziale Zurückweisung, soziale Vereinsamung oder gar eine aggressionsbetonte Erziehung erfährt, der tendiert später eher zur Entstehung von Suchtproblemen. Und letztlich ist eine übertriebene Trennungsstörung oftmals auch eine Form eines Suchtproblems, wie die beteiligten Hirnregionen eindeutig zeigen.

Gerade bei alten Hunden ändert sich übrigens bemerkenswerterweise das Trennungsverhalten auch dann, wenn sie in einer gesicherten und stabilen Bindung zu ihren Menschen leben. Sie begrüßen diesen dann trotzdem heftiger nach dem Wiederheimkehren und haben auch eine verstärkte Intensität und Häufigkeit von Kontakt suchendem Verhalten nach der Rückkehr. Nicht ganz unerwartet, dass solche Veränderungen im Begrüßungs- und Kontaktverhalten bei Hunden ungünstiger Herkunft, aus dem Tierschutz oder mit anderen problematischen Vorgeschichten früher und häufiger auftreten. Erklärlich ist dies wahrscheinlich mit der oben bereits genannten Zunahme der Konzentration des Stresshormons Cortisol und der Abnahme einiger anderer Botenstoffkonzentrationen im Gehirn. Bedeutsam ist es allemal! Und wir müssen uns eben auch darauf einstellen, unseren älteren Kumpan hier anders zu behandeln.

Ein Gastbeitrag von Jenny Silbermann, Zoologin, Erfurt

Hunde gehören seit vielen tausend Jahren zum Leben des Menschen dazu. In der westlichen Welt lebt der Mensch dabei eng mit seinem Gefährten zusammen, sodass der Hund zu einem wichtigen Sozialpartner geworden ist. Durch viele gemeinsame Interaktionen entsteht zwischen Hund und Mensch eine Bindung, die dadurch gekennzeichnet ist, dass der Hund durch den Menschen soziale Unterstützung erfährt, sich bei empfundener Gefahr auf diesen verlassen kann, dass beide Bindungspartner die Nähe des anderen suchen und bei Trennung voneinander eine Trennungsreaktion gezeigt wird.

Trennungsverhalten wird bei vielen sozial lebenden Arten beobachtet. Im Allgemeinen soll das Verhalten bei einer Trennung dazu führen, dass die Distanz zur Bindungsfigur verringert wird. Auch hormonell zeigt sich eine Aktivierung, da es zu steigenden Stresshormonkonzentrationen kommt. Verhaltensweisen wie Bellen, Heulen, Weinen sowie eine generell erhöhte physische Aktivität sind im Hinblick darauf nachvollziehbar und auch sinnvoll. Es ist wichtig sozial integriert zu sein, um eine höhere Wahrscheinlichkeit zum Überleben zu haben. Hunde können aber lernen, dass Alleinsein nicht bedeutet, dass sie in Gefahr sind und dass sie sich darauf verlassen können, dass ihr Mensch zurückkehrt. Lernen Hunde dies durch kurze Sequenzen des Verlassens, die nach und nach verlängert werden, stellt sich eine Erwartungssicherheit ein und Hunde zeigen während der Trennung vom Menschen kaum physische Aktivität und können zur Ruhe kommen.

Anders ist es, wenn sich im Hund Trennungsprobleme entwickeln. Laut Horwitz und Mills (2009) sind Trennungsprobleme mit 20 bis 40 Prozent eines der häufigsten Verhaltensprobleme bei Hunden. In Studien konnte festgestellt werden, dass bei Vorliegen einer Trennungsproblematik während der Trennung vor allem folgende Verhaltensweisen gezeigt werden können: Vokalisation, Zerstörung von Gegenständen, hohe (und über die Dauer nicht abnehmende) physische Aktivität, Ausscheiden, Lethargie und repetitive Verhaltensweisen (Overall, 2013; Ogata, 2016).

Da eine Symptombehandlung wenig sinnvoll ist, stellt sich jedoch die Frage, warum ein Hund diese Verhaltensweisen zeigt. Lund und Jørgensen (1999) legen nahe, dass verschiedene Emotionen wie Furcht und Frustration zugrunde liegen können. Dies trifft laut einer Studie von Lenkei und Kollegen (2018) beispielsweise auf Lautäußerungen zu, wobei festgestellt wurde, dass Hunde mit Trennungsangst eher weinten, wohingegen Bellen bei allen Hunden, auch denen ohne Trennungsangst, zu beobachten war. Interessanterweise bellten Hunde mehr, die Halter und Halterinnen hatten, die im Alltag nachgiebiger mit ihren Hunden umgingen, wodurch eine niedrige Frustrationsschwelle entstanden sein könnte.

Um das Trennungsproblem zu lösen, sollte die Ursache unbedingt analysiert und beachtet werden, da Herangehensweisen im Training unterschiedlich ausfallen. Die Dokumentation des Verhaltens während der Trennung, bestenfalls mit Video und Ton, sowie eine detaillierte Anamnese durch eine*n Hundetrainer*in oder -verhaltensberater*in sind dabei besonders wichtig, um das Trennungsproblem zu beurteilen und passend zu trainieren.

Es gibt viele Faktoren, die das Auftreten von Trennungsproblemen beeinflussen können, beispielsweise die Qualität der Bindung von Hund und Halter oder Halterin und die Persönlichkeit des Hundes. Aus der Humanpsychologie weiß man, dass die Mutter-Kind-Bindung maßgeblich von der Reaktionsfähigkeit der Mutter beeinflusst wird und bedeutend für das Auftreten von Trennungsproblemen ist (Crockenberg, 1981; Leerkes, 2011; Meins et al., 2001; Dallaire & Weinraub, 2005). Konok und Kollegen (2011) konnten feststellen, dass Hunde mit Trennungsängsten keinen Schutz bei ihren Menschen suchten, was für eine unsichere Bindung spricht.

Die Wichtigkeit der Reaktionsfähigkeit des Menschen, analog zur Mutter gegenüber dem Kind, konnte in einer Folgestudie der Forschergruppe beobachtet werden (Konok et al., 2019). Mit Reaktivität ist gemeint, inwiefern Halterinnen und Halter auf die Bedürfnisse ihres Hundes eingehen. Die Hunde von wenig reaktiven Menschen zeigten dabei eine erhöhte Ausschüttung von Stresshormonen oder stressbezogene Verhaltensweisen. Hier sei deutlich darauf hingewiesen, dass darunter auch Hunde waren, die zwar nach außen ruhig wirkten, aber starken physiologischen Stress hatten. Interpretiert wurde dies als verschiedene Bindungstypen, ebenfalls bekannt aus der Humanpsychologie, wobei ein Hund, der nach außen ruhig wirkt, aber starken physiologischen Stress empfindet, als vermeidend und ein Hund, der starke Stresssignale nach außen zeigt, als ängstlich gebunden gilt. Der vermeidende Hund hat keine guten Erfahrungen mit seinem Menschen gemacht und unterdrückt deswegen bindungsfördernde Verhaltensweisen; der ängstlich gebundene Hund hingegen verlangt nach Kontakt. Beides kann eine Strategie sein, um mit der fehlenden Reaktivität der Hundehalterinnen und Hundehalter umzugehen.

Naheliegend ist außerdem, dass auch die Persönlichkeit des Hundes einen Einfluss haben kann. Dies wurde beispielsweise in einer Studie von Mendl et al. (2010) nachgewiesen. Nachdem durch die Forscherinnen und Forscher eine Erwartungshaltung bei den Hunden aufgebaut wurde, indem auf einer Seite des Zimmers immer eine volle Schale mit Futter und auf der anderen eine leere Schale stand, wurde die Ausprägung an Pessimismus anhand der Laufgeschwindigkeit zugeordnet. Die Ergebnisse zeigten, dass vor allem pessimistische Hunde häufiger Probleme mit der Trennung hatten.

Sehr spannend sind auch die Erkenntnisse von Salonen et al. (2020), die herausfanden, dass es bezüglich des Auftretens von Trennungsproblemen vermutlich auch genetische Zusammenhänge gibt. Geräuschempfindlichkeit, Angst vor Oberflächen, Höhenangst und trennungsbezogenes Problemverhalten wurden dabei bei einigen Hunderassen deutlich häufiger festgestellt (Salonen et al., 2020). Möglicherweise könnte eine selektive Zucht damit das Auftreten von Furcht verringern.

Die Begrüßung scheint eine besondere Rolle zu spielen, wenn es um das Trennungsverhalten von Hunden geht. Schon 2011 konnten Rehn und Keeling beobachten, dass das Begrüßungsverhalten mit zunehmender Dauer der Trennung intensiver wurde. Dabei wirkt vor allem die Art der Begrüßung unterschiedlich auf das Stressempfinden des Hundes. Hunde, die körperlich und verbal begrüßt wurden, erholten sich vom Trennungsstress am besten, aber auch das ausschließlich verbale oder körperliche Begrüßen führte zu einer Senkung des Cortisolspiegels, wobei dies beim Ignorieren des Hundes nicht beobachtet werden konnte (Rehn et al., 2014). Ignoriert man seinen Hund nach der Trennung nicht, sondern begrüßt diesen in ruhiger Weise mit lieben Worten und Streicheleinheiten, kann man ihm helfen sich besser zu entspannen und Stress zu dämpfen. (Mit freundlicher Genehmigung entnommen aus »Hundherum«, Seite 68–70.)

Vielen Dank an Jenny Silbermann!

19 Stress und Angst

Das Empfinden von Unsicherheit, Furcht oder sogar Angst ist immer ein Zustand, der Stress beim Hund verursacht und in der Regel auch beim Menschen, der damit umgehen muss. Deshalb muss beim Thema Angst auch zumindest kurz das Thema Stress mit erwähnt werden. Der wichtigste Gehirnteil, der mit der Entstehung von Angst, Furcht und Stress zusammenhängt sowie schließlich zur Panikstörung führt, ist der Boden des Zwischenhirns, der bei der Entstehung von Angst eine wichtige Rolle spielt. Dort setzt übrigens auch eine Reihe von angstlösenden Medikamenten an.

Dieser beeinflusst zunächst das Stresssystem, und von ihm wird u.a. das Hormon CRH (Corticotropin-Releasing-Hormon) produziert. Dieses wiederum lässt in der Hirnanhangsdrüse das die Nebennierenrinden stimulierende Hormon ATCH entstehen. Eine wichtige Möglichkeit des Gehirns, selbst Stressdämpfung betreiben zu können, besteht nun in einem Eiweiß, das als CRH-Bindungsprotein bezeichnet wird. Dieses entfernt nämlich das CRH aus dem Kreislauf, sodass seine Wirkung nicht mehr oder nur noch schwach einsetzt. Gibt es nun beispielsweise genetische Defekte oder auch epigenetische

Auch das innerartliche Miteinander kann selbstverständlich Stress erzeugen.

Veränderungen, bei denen dieses Bindungsprotein nicht oder nur in geringer Konzentration produziert wird, dann zeigt das betreffende Tier auch konsequent sein ganzes Leben lang ängstliches Verhalten, sogar ohne äußeren Anlass.

Am wichtigsten für Angst und Furcht aber ist der sogenannte Mandelkern, die Amygdala. Bildgebende Verfahren wie auch elektrische Ableitungen zeigen, dass er bei Angst und Panikzuständen sowie bei Phobien aktiv wird. Bei Reizung des Mandelkerns erhöhen sich Herzschlag, Atmung, Blutdruck und auch die Cortisolkonzentration. Menschen berichten anschließend von Angstgefühlen. Störungen des Mandelkerns führen dagegen zu allgemeiner Gefühlsarmut und reduzieren bei emotionalen Reizen auch zum Beispiel Veränderungen des Hautwiderstandes.

Der Mandelkern besteht aus mehreren ineinander verschalteten Kernen, wobei für die Furchtreaktion vor allem der zentrale und der seitliche Kern sowie die basalen Gebiete von Bedeutung sind. Stresshormone verstärken die Angstkonditionierung im Bereich des Mandelkerns. Das scheint auch entscheidend der Grund dafür zu sein, dass die Angst hartnäckig und außerhalb der bewussten Kontrolle des Gehirns bleibt. Stresshormone beeinträchtigen die Funktion und bei längerer Wirkung die Anatomie des Hippocampus, weswegen die Gedächtnisbildung unterdrückt, die Angst dagegen gefördert wird. Der wichtigste neurobiologische Prozess ist die bereits erwähnte Langzeitpotenzierung, mit deren Hilfe sich wiederholt ablaufende Reaktionen und Prozesse chemisch und elektrisch immer stärker aufschaukeln. Im Laufe dieses Aufschaukelungsprozesses werden immer mehr unterschiedliche Botenstoffe und Bindungsstellen (= Rezeptortypen) an der Weiterleitung beteiligt, sodass mit der Zeit eine regelrechte Kaskade nahezu lawinenartig die einmal ausgelöste Angstreaktion verstärkt und weitergibt. Ein konditionierter, also ein erlernter und auch ein angeborener Angst oder Furcht auslösender Reiz lässt den Mandelkern aktiv werden, von diesem werden dann über den seitlichen Bereich des Zwischenhirns das sympathische und das parasympathische Nervensystem aktiviert.

Die Aktivierung des sympathischen Nervensystems führt zu Herzrasen, erhöhtem Blutdruck und verändertem Hautwiderstand, die Aktivierung des parasympathischen zu einer veränderten oder verringerten Hautdurchblutung. Dopamin, Noradrenalin und andere Botenstoffe werden ausgeschüttet, dadurch kommt es auch zur Abgabe von Kot, Urin und in starken Fällen zu einer Reaktion der Herzfrequenz. Glutaminsäure, Acetylcolin und Serotonin, also weitere mit dem Lernen verknüpfte Botenstoffe, werden in solchen Situationen ins Rennen geschickt. Auch hirneigene Opiate scheinen bei Ängsten, zum Beispiel bei Trennungsangst, eine Rolle zu spielen. Wird ein Jungtier von der Mutter oder ein sozial lebendes Tier vom Bindungspartner getrennt, so werden die opiatauslösenden Neuronen gehemmt, durch Zugabe von Opiaten wird der Mangel an Wohlbefinden wieder korrigiert. Hemmt man das Opiatsystem, wird die Trennungsangst verstärkt.

Wie bereits erwähnt, ist bei der Verarbeitung von möglicherweise Angst oder Furcht auslösenden Reizen und auch bei der Bewertung von Stressoren in der Umgebung eines Hundes im Gehirn eine wesentliche Schaltmöglichkeit gegeben. Der von Robert Mehl (2021) als schneller Weg betitelte, in anderen Veröffentlichungen als unterer Schaltweg bezeichnete Nervenstrang verbindet die eingehenden Sinnesorgane direkt mit den Zentren des emotionalen Systems und dann mit dem Boden des Zwischenhirns, von dem aus die Bereitstellung von Stresshormonen und andere, auch emotionale Reaktionen ausgehen.

Daneben gibt es den oberen Schaltweg, auch langsamer Weg genannt, der unter Einbeziehung der Großhirnrinde über mehrere Zwischenstationen verläuft. Bei diesem oberen Schaltweg ist naturgemäß der Weg und damit auch die Laufzeit der Nervenimpulse länger. Wenn die Erstbewertung einer Situation stattgefunden hat, sollte nach Möglichkeit, wie oben schon dargelegt, in der Neubewertung, eventuell nach der ersten Reaktion, der obere Schaltweg einbezogen werden und damit auch das Gedächtnis, die Erinnerung an frühere Situationen oder auch eine neue, kreative Problemlösung aus der Großhirnrinde.

Manch eine Angstreaktion fällt heftig aus. Ein Maulkorb verhindert Schlimmes und stellt bei guter Gewöhnung für den Hund kein Problem dar.

Ein weiterer, an der Dämpfung von Angstreaktionen beteiligter Botenstoff ist GABA, die Gammaaminobuttersäure. Sie wird beispielsweise durch das auch im Hundebereich mittlerweile eingesetzte Präparat Casozepin, einen angst- und erregungsdämpfenden Nahrungsergänzungsstoff, in ihrer Wirkung verstärkt. Die Wirkung des Serotonins auf die Entstehung oder Dämpfung von Angst scheint ähnlich zu sein wie bei der Wirkung auf Stress. Bleibt mehr Serotonin in den Überträgerspalten, also den synaptischen Spalten im Gehirn, so wird offensichtlich die Angstreaktion verringert, insbesondere die Wirkung eines Serotoninbindungstyps, nämlich des Serotonin 1A-Rezeptors. An solchen Serotonin-1A-Rezeptoren greifen auch die meisten Psychopharmaka an. Serotonin ist ein »Rundumwohlfühlbotenstoff«, dessen Mangel nicht nur Angst, sondern auch behindernde Schüchternheit, beim Menschen Sozialphobie (also Angst vor anderen Menschen), Depression, Migräne, aber auch Aggression im Stress bewirken kann.

Mittlerweile sind auch Unterschiede im Hirnstoffwechsel und in der Gehirnanatomie von »normalen« vs. angst- oder furchtanfälligen Hunden bekannt geworden. Puurunen et al. (2018) zeigen erhöhte Konzentrationen von Glutamin und Glutaminverwandten, also bestimmten Aminosäuren, im Blutplasma von furcht- vs. nicht furchtgesteuerten Hunden. Ein weiterer, ebenso bemerkenswerter und für die Diagnostik furchtsamer Hunde möglicherweise interessanter Aspekt betrifft einen eigentlich für die Nierenfunktion verwendeten Marker (SDMA). Die Konzentration des Glutamins und der SDMA zusammen sind die besten chemischen Unterscheidungsmerkmale zwischen furchtsamen und nicht besonders furchtsamen Hunden. Bei dem Vergleich zwischen Deutschen Doggen und Deutschen Schäferhunden ergab sich eine wesentlich stärkere Verknüpfung der Konzentration des SDMA und der Furchtsamkeit bei den Deutschen Doggen, dagegen eine leichte, nicht statistisch abgesicherte negative Verknüpfung zwischen der SDMA-Konzentration und Furchtsamkeit bei den Deutschen Schäferhunden.

Die Verbindung mit der Stress- und Furcht- beziehungsweise Angstphysiologie liegt hier wahrscheinlich darin, dass Stresshormone die Nierenfunktion auf unterschiedliche Weise stören können. Der erhöhte Eiweißabbau unter der Wirkung des Stresshormons Cortisol bringt letztlich auch der Niere mehr Arbeit. Ein erhöhter Blutdruck, wie ihn die Stresshormone bewirken, ist ebenso für die Niere auf Dauer ungesund.

Nähe und Gesellschaft werden nicht von jedem Lebewesen pauschal als angenehm empfunden. Manchmal muss man sich erst daran gewöhnen, bevor man lernen kann sie zu genießen. Und das kann auch mal dauern …

Qinyuan Chen und Co-Autorinnen und -autoren (2023) zeigen verschiedene Unterschiede in den neuronalen Netzwerken von angst- oder furchterfüllten Hunden gegenüber solchen mit normaler Verhaltensreaktion. Komplizierte bildgebende Verfahren und grafische Auswertungen zeigen, dass vor allem der Hinterhautlappen und andere, eher im hinteren Teil des Gehirns liegende Strukturen hier betroffen sind. Bei einigen davon sind die Kerngebiete in Hirnen ängstlicher Hunde deutlich flächenmäßig reduziert, bei anderen dagegen größer. Kleinere Kernregionen in Gehirnen der ängstlichen Hunde finden sich beispielsweise im Hinterhautlappen des Großhirns, im Mittelhirn und auf der rechten Seite des Kleinhirns.

Vergrößerungen finden wir in einigen Teilen des Hippocampus, im linken Kleinhirn und in der Inselrinde (u.a. zuständig für oxytocingesteuerte Exekutivfunktionen in den emotionalen Zentren). Außer auf die neurobiologischen Gegebenheiten muss hier auch ein kleiner Blick auf einige mögliche Erkrankungen des Nebennierenrindensystems im weitesten Sinne geworfen werden (siehe Gansloßer, 2022; 2023). Über- und auch Unterfunktionen der Nebennierenrinde (Morbus Cushing, Morbus Addison) beeinflussen die Konzentration des Stresshormons Cortisol kurz- und längerfristig. Daraus können eine veränderte Stresswahrnehmung und auch eine erhöhte Ängstlichkeit resultieren.

Auch der MDR1-Gendefekt, der u.a. den Regelkreis des Stresshormons Cortisol zwischen Nebennierenrinde und emotionalem Gehirn reguliert, kann durchaus zu einer erhöhten Angstanfälligkeit führen. Das belegen biochemische und Labortierbefunde sowie unsere eigene Beratungserfahrung durchaus nicht nur für die reinerblich erkrankten, sondern auch für die mischerbigen Überträger, die ansonsten wenig körperliche Symptome zeigen.

Frederika Pirrone und Co-Autoren (2019) zeigen, dass auch das sogenannte Eifersuchtshormon, nämlich das Vasopressin, als möglicher Biomarker im Speichel von ängstlichen Hunden, vor allem im Zusammenhang mit Trennungsproblemen, gemessen werden kann. Unmittelbar nach der Trennung eines Hundes mit Trennungsproblematik von seinem Menschen war die Vasopressinkonzentration im Speichel gegenüber der der Kontrollgruppe deutlich erhöht. Jedoch war diese Erhöhung bereits zehn Minuten danach wieder verschwunden. Vasopressin ist allerdings mit einer ganzen Reihe anderer Verhaltensäußerungen verknüpft.

20 Entwicklungsgebundene Fremdelphasen (*Spooky Periods*)

Was weitestgehend jeder Trainerkollege oder jede -kollegin kennt, sind Aussprüche in der Art wie diese: »Ich weiß gar nicht, was los ist! Zig Tage gehen wir an dem großen Stromkasten vorbei – ohne Probleme. Doch plötzlich meint unser Hugo, dass der Kasten ganz bedrohlich ist, und will da nicht mehr längs gehen! « Oder: »Unser Flöhchen ist grundsätzlich etwas skeptisch, aber momentan spinnt sie beim Spazierengehen! Ständig schaut sie sich um, sieht völlig eingeschüchtert aus und hat die Rute eingezogen. Sie verhält sich, als würden wir verfolgt. Doch hinter uns ist nichts! Vor einigen Monaten war das schonmal, jetzt wieder?!« Oder: »Unsere Emma geht von klein auf mit auf den Markt am Samstag. Dort treffen wir viele Leute, halten gern ein Schwätzchen und Emma wird bestaunt, wie schnell sie wächst und wie schön sie wird! Manchmal bekommt sie auch ein Leckerchen, da freute sie sich bislang immer drüber. Doch letztens war sie ganz verhalten und versuchte den Menschen, die sie ansprachen, auszuweichen und sich hinter mir zu verstecken! Ich bin ganz irritiert, denn sie mochte doch alle und jeden. Jetzt hat sie Bange, selbst vor Leuten, die sie eigentlich schon kennengelernt hat. Ob sie krank ist?«

Nein, krank ist Emma mit großer Wahrscheinlichkeit nicht. Und auch Hugo, Flöhchen und alle anderen vierbeinigen Vertreter nicht, die sich heute anders verhalten als wir es bei ihnen gestern erlebt haben. Wie sagt man flapsig so schön (und zutreffend): »Es ist eine Phase, Hase!«

Manchmal ist das Leben »gruselig« und Skepsis angesagt.

Eberhard Trumler, der im Jahr 2023 100 Jahre alt geworden wäre, wäre er nicht bereits 1991 verstorben, stellte für die Entwicklungsphasen von Welpen ein recht starr formuliertes Schema auf, welches suggerierte, dass die wichtigste Zeit der Persönlichkeitsformung mit Ablauf der zwölften Lebenswoche quasi vorbei sei. Heerscharen von zweibeinigen Hundeeltern »prügelten« deshalb unter dem Deckmantel der Förderung, Sozialisation und Prägung in bestem Willen den

Welpen durch eine reizüberflutete Umwelt, der er vielfach überhaupt nicht gewachsen war. Schnell, schnell, schnell und alles, alles, alles, weil es ja kein Morgen gibt! Doch Entwarnung: Es gibt ein Morgen! Und sogar ein Übermorgen und auch ein Überübermorgen … Und das ist keine Kritik an Trumler, ganz im Gegenteil. Die kynologische Welt hat ihm enorm viel zu verdanken. Doch die Erkenntnisfindung ging weiter (und geht es auch weiterhin) und neue Ansätze werden überdacht, bestätigt – oder auch wieder verworfen.

In Bezug auf unser Thema Unsicherheit bis Angst sind die sogenannten *Spooky Periods*, die Fremdelphasen, von Bedeutung. Und da gibt es eben nicht nur eine Phase von Tag X bis Tag Y und dann ist alles erledigt. Momentaner Stand der wissenschaftlichen Meinung ist, dass wir von fünf solcher Abschnitte ausgehen können, in denen der Hund sich verstärkt unsicher, vorsichtig, reserviert, introvertiert bis ängstlich zeigt, neuen Erfahrungen gegenüber weniger aufgeschlossen ist und konzentriertes Mitmachen erschwert scheint. Neue Reize, aber auch bekannte Objekte und Subjekte lösen zurückhaltende bis zurückweichende Reaktionen aus. Solche Phasen kommen quasi über Nacht, sind dann aber genauso »geisterhaft« nach ein, zwei bis vier Wochen plötzlich wieder verschwunden. Nun könnte man ja meinen, dass es dann nur darum ginge, diese relativ kurze Zeitspanne einfach und irgendwie zu überstehen. Dem ist aber nicht so; sie sollte schon konstruktiv angegangen bis sinnvoll genutzt werden, denn in ihr passieren sehr markante und einprägende Lerneffekte – positive wie negative! Und diese Lerneffekte werden durchaus von Periode zu Periode weitergereicht und beeinflussen diese entsprechend. Diese Phasen werden vom Hund intensiv durchlebt und sowohl umwelt- als auch soziale Erfahrungen, die in diesen gemacht werden, werden langfristig im Gedächtnis abgelegt. Sie kennzeichnen den Übergang von einer Entwicklungsstufe in eine neue und begleiten unser vierbeiniges Lebewesen – vermutlich als wölfisches Erbe – bis zum Erwachsenendasein.

Hier sind deshalb auch einige wichtige entwicklungsbiologische Anmerkungen zu machen: Zum ersten gibt es eine deutliche Abhängigkeit der Entwicklungsgeschwindigkeit von der Größe des Hundes. Ein sechsmonatiger Kleinhund steht auf der Stufe eines 14jährigen Menschen, eine sechsmonatige Dogge entspricht etwa dem Alter eines Menschen bei der Einschulung (siehe Gansloßer und Kitchenham, 2019). Dann gibt es die sich langsam(er) entwickelnden Rassen. Herdenschutzhunde beispielsweise sind echte Spätentwickler.

Die Entwicklungsgeschwindigkeit ist individuell.

Und letztlich sind Entwicklungsgeschwindigkeiten immer individuell, aber vor allem von epigenetischen und früheren Vorgängen beeinflusst. Das hat James Waddington (siehe Gansloßer, 2020) mit dem Vergleich einer Kugel dargestellt, die irgendwo einen Berghang hinabrollt. Jeder Meter, den die Kugel zurücklegt, wird beeinflusst von den vorigen Strecken und wirkt beeinflussend auf die nächsten Abschnitte.

20.1 In welchem Alter treten die einzelnen Phasen auf?

Phase 1

Wer zum Beispiel als Züchter das Heranwachsen von Hundekindern miterleben durfte, der konnte feststellen, dass um die siebte Woche herum Welpen innerhalb einer Zeitspanne von rund sieben Tagen schreckhafter, vorsichtiger, insgesamt sensibler reagieren. Dieser Tatsache sind auch verschiedene Theorien von früher geschuldet, die sich mit dem vermeintlich besten Abgabealter von Hundewelpen beschäftigten. Die einen propagierten eine extrem frühe Abgabe vor dieser ersten Phase, andere die Abgabe in beziehungsweise unmittelbar nach ihr. Heute wird bei entsprechend umsorgender und liebevoll kompetent fördernder Aufzuchtbedingung empfohlen, das Abgabealter ruhig bis auf die zehnte bis zwölfte Lebenswoche des Hundekindes zu erhöhen, um einen guten Start zu gewährleisten.

In diese Phase gehört auch das, was Ortsbindung genannt wird. Der Welpe will das ihm vertraute Umfeld nicht verlassen, denn nur hier fühlt er sich sicher und geborgen. Deshalb »bockt« er, wenn versucht wird, ihn aus dieser sicheren Zone herauszuführen. Fast jeder erlebt dies bei seinem Welpen und früher hieß es: »Zieh ihn weiter, da muss er durch!« Nein, muss er nicht, **sollte** er nicht müssen! Nehmen Sie Rücksicht und lassen Sie ihm Zeit. Eine Woche später sieht das Ganze völlig anders aus und das Hundekind wird von Tag zu Tag mutiger und der Entfernungsradius erhöht sich analog. Lassen Sie Ihren Welpen das Tempo vorgeben, in dem sie beide gemeinsam die Welt erobern. Sie haben so viel Zeit dazu …

Phase 2

Die zweite Phase nimmt ihren Verlauf in der Übergangszeit vom Welpen- zum jungen Junghundalter von ungefähr fünf bis sechs Monaten. Der junge Hund sieht, hört und riecht nun in vollem Umfang und so sind entsprechende Reizauslöser optischer, akustischer und olfaktorischer Art auch überall spannend und interessant, aber manchmal eben auch »gruselig«. Es wird nochmals betont, dass diese Altersangaben hier und folgend ungefähre (!) sind und keinesfalls als starr betrachtet werden dürfen. Je nach individueller Entwicklung und je nach Hundetyp variieren Anfang und Ende, aber auch die Dauer. Trotzdem kann man bei dieser zweiten Phase von einem knappen Monat *Scary Movie* ausgehen.

Schalten Sie eventuell im Erkunden, Entdecken und Lernen noch mal einen Gang zurück. Lassen Sie sich und vor allem dem Hund Zeit und Ruhe, genießen Bekanntes, Gewohntes, Vertrautes und Geschätztes und warten mit dem Entdecken von Neuem einfach ein wenig oder arrangieren das in geringeren Dosierungen. Wir wiederholen gern: Sie haben Zeit!

Phase 3

Startet dann die Pubertät so richtig durch (Rüde hebt Bein und Hündin geht auf die erste Läufigkeit zu beziehungsweise erlebt diese), macht sich auch die dritte *Spooky Period* bemerkbar. Vieles ist unheimlich, das Gehör und das Gehirn sind auch etwas »angegriffen« und es macht auffallend viel Spaß, sich allen bewegten Objekten und Subjekten zu widmen und diesen hinterherzulaufen. Gerade diese Phase stellt besondere Herausforderungen an die Anleitung des jungen Lebewesens – egal, ob vier- oder zweibeinig. Gerade jetzt darf man bei allem zeitweiligen Haareraufen das Lächeln nicht vergessen!

Phase 4

Die vierte Phase überrascht viele menschliche Hundeeltern, denn man wähnte sich langsam aus allem »Übel« heraus. Doch mit vollendetem ersten Lebensjahr (bei Spätentwicklern kann es sich auch erst mit anderthalb oder fast zwei Jahren einstellen) werden das Leben und die Umwelt eventuell noch einmal »komisch« und die hundlichen Reaktionen darauf unter Umständen etwas absurd. Doch stellt man das bei seinem Hund fest, so kann man davon ausgehen, dass sich das in spätestens einem Monat auch wieder normalisiert.

Phase 5

Die letzte Welle kann dann den Übergang ins effektive Erwachsenendasein begleiten. Sie kann je nach Hundetyp und individueller Entwicklung in der Altersspanne von zwei bis vier Jahren erfolgen, denn der eine Hund ist mit zwei Jahren schon herangereift und weitestgehend gefestigt, der andere eben erst deutlich später.

Wer sich gerade in einer »Spooky«-Phase befindet ist leicht zu verunsichern und braucht den Schutz seines Menschen.

21 Von Erfolg und Misserfolg

Im optimalen Fall lernt das Tier am Erfolg, sein Verhalten wird den erfahrenen Erfolgserlebnissen angepasst. Das überängstliche Tier lernt am Misserfolg und richtet sein Verhalten gemäß diesen negativen Lernerfahrungen aus. Das kann im Extremfall sogar dazu führen, dass das Tier das Haus nicht mehr verlassen will, weil jeglicher Spaziergang für es zur psychischen Tortur wird – für den Besitzer zumeist auch, was diese Situation zusätzlich erschwert (Stichwort Stimmungsübertragung). Stressbedingte Reaktionen können die regelrechte »Totalverweigerung«, Apathie oder generalisierte, erlernte Hilflosigkeit sein.

Bei der Erziehung und dem Training muss Überforderung vermieden werden. Die gestellten Aufgaben müssen für den Hund zu bewältigen sein, damit ihn die Situation (und die Reaktionen des Menschen) nicht verunsichern und ängstigen. Hierbei ist besonders eins zu beachten: **Ein ängstlicher Hund kann nur erschwert lernen und darf für seine Angst nicht noch bestraft oder ignoriert werden!** Außerdem hat Strafe allein einem Lebewesen noch nie neue Verhaltensweisen beigebracht. Wenn das Umfeld zu viele Anforderungen, zu unregelmäßige Abläufe, zu unklare und nicht einfach zuzuordnende Rahmenschauplätze bietet, dann wird die Orientierung erschwert – und das kann extrem verunsichern. Doch auch das Gegenteil kann Verunsicherung bis Angst erzeugen, nämlich Unterforderung und Langeweile.

Zerstörungswut und Raserei, wie sie manchmal bei allein im Haus zurückgelassenen Hunden anzutreffen sind, können verschiedene Ursachen haben, wir wiesen bereits eingehend darauf hin. In der Regel sind es immer psychisch instabile und/oder nicht oder noch nicht stabil gebundene (zum Beispiel junge und jugendliche oder erst kurzzeitig übernommene) Tiere, die solche Reaktionsmuster zeigen. Gerade junge Hunde, aber später auch wieder die Tiere im höheren Alter, unsere Hundesenioren, sollten nicht zu lange allein und sich selbst überlassen sein. Als soziale Tiere brauchen sie ein soziales Gegenüber, selbst wenn dieses nicht dauerhaft sozial interagiert. In Gesellschaft zu sein und die Gegenwart anderer Lebewesen zu spüren, angesprochen und beachtet zu werden, ist für das Wohlbefinden enorm wichtig (weshalb ja auch die dauerhafte Einzelhaltung eines Hundes im Zwinger tierschutzrelevant ist!). Und gibt es dann zwischendurch auch noch Phasen bestgenutzter Gemeinsamkeit, ist das Glück ja fast perfekt …

Manchmal bauen Bewegung und Aktion einfach Spannung ab; hier demonstrieren sie pure Lebensfreude.

Die Anfälligkeit mancher, vor allem entweder rückgekreuzter (Tschechoslowakischer Wolfshund, Saarloos Wolfshund, echte Wolfshybriden) oder urtypnaher Hunderassen für jede Art von Zerstörungswut in der Trennungssituation ist möglicherweise auch hormonphysiologisch zu erklären: Beim Domestizierungsprozess wird insbesondere die Aktivität der Stresshormonachsen deutlich verringert. Während die Cortisolachse im Ruhezustand bei Wildtieren und ihren abgeleiteten Haustierformen ziemlich ähnliche Werte aufweist, wird die Sympathikusachse, also die Achse des Kampf- und Fluchtsystems, bei Wildtieren bereits im Ruhezustand mit höheren Konzentrationen der betreffenden Stresshormone gemessen.

Untersuchungen verschiedener Arbeitsgruppen an verschiedenen Haustierformen (zum Beispiel von Norbert Sachser und seiner Gruppe an Haus- und Wildmeerschweinchen) zeigen, dass die Reizbarkeit und die Grundspannung dieser Kampf- und Fluchtachse für die erhöhte Nervosität und erhöhte Reizbarkeit der Wildformen mit verantwortlich ist. Die Zerstörungswut, die aktive Suchtätigkeit in der sogenannten Protestphase einer Trennungsreaktion wiederum, wird von der Kampf- und Fluchtachse gesteuert. Erst später tritt in der sogenannten Depressionsphase dann die Cortisolaktivierung von allein in Augenschein. (Gansloßer, 2020, 2023). Leicht verständlich daher, dass gerade die eher wildformnahen Hunde mit der besonders aktiven Suchtätigkeit in der Protestphase auffallen.

Wildformnahe Hundetypen zeigen oft recht ausgeprägte Protestreaktionen.

Über die Phasen der Angstreaktion, nämlich die Wahrnehmungs-, die Bewertungs- und die Bewältigungsphase, wurde ja bereits berichtet (siehe Kapitel »Angst essen Seele« auf, dritter Abschnitt, S. 12). Gerade der in der Vergangenheit immer wieder erfahrene Erfolg in der Bewältigung solcher Situationen führt auch zu einer veränderten Bewertung. Wenn dagegen in der Vergangenheit überwiegend Misserfolge erlebt wurden, verschiebt sich die Bewertung eben mehr in Richtung »Klappt ja doch wieder nicht«. Und damit verstärkt sich in der Neubewertung der Situation auch die Angst oder Furcht. Die Lernprozesse, die zur Langzeitpotenzierung, also zur Verstärkung der Reizweiterleitung über bestimmte, oft benutzte Verbindungen führen, sind meistens auch gekoppelt an das Pendant dazu, der Langzeitdepression.

Depression bedeutet hier nur Unterdrückung; es geht lediglich darum, dass in der Umgebung der besonders häufig benutzten Verknüpfungspunkte und Nervenfasern gewissermaßen die benachbarten Fasern und Verknüpfungen stumm geschaltet werden. Das führt letzten Endes zu einer Verstärkung der Kontraste und damit zu einer trennschärferen Weiterleitung der benutzten Informationen. Wird nun die Langzeitverstärkung in Richtung erwünschter Reaktionen verschoben, kann durch die Langzeitunterdrückung eher die unerwünschte Reaktion abgeschwächt werden.

Wird jedoch die Langzeitverstärkung in Richtung unerwünschter Reaktionen (beispielsweise eben des Empfindens der Hilflosigkeit und des allgemeinen Ausgeliefertseins) verschoben, können durchaus erwünschte Reaktionen, nämlich der Versuch, es doch zu schaffen, durch die Langzeitunterdrückung abgeschwächt werden. Der Teufelskreis des sich immer weiter Hineinsteigerns und Aufschaukelns wird also in vielfältiger Weise elektrisch und chemisch unterstützt.

Unser Gehirn als selbstlernendes System kann sowohl positive als auch negative Reaktionen in verstärkter Art und Weise immer wiederholen. Darauf muss vor allem dann geachtet werden, wenn ein Hund bereits zu Beginn, beispielsweise weil er aus dem Tierschutz kommt, mit Angst- oder Furchtreaktionen aufwartet. Es darf dann nicht erst abgewartet werden, ob sich das irgendwann von selbst gibt. Erkennt man Angst oder Furcht (im Gegensatz zur oben beschriebenen, ökologisch und sozial durchaus normalen Unsicherheit in unbekannter Situation), muss sofort professionelle Hilfe geholt werden, um diese Prozesse des sich Aufschaukelns zu verhindern. In einer idealen Welt sollte dies bereits innerhalb der ersten 24 Stunden nach dem erstmaligen Auftreten einer Angst- oder Panikreaktion oder einer wirklich übersteigerten Furcht passieren.

22 Erlernte Angst

Das Feld der »erlernten Angst« ist größer als man denkt und vom Hundehalter häufig gar nicht oder zu wenig bedacht. Ursprung dieser Problematik ist ein Sich-Annähern an den Hund auf menschlicher Verstandesebene, was leicht zu Fehlinterpretationen und -reaktionen führen kann. Es geht nicht darum, wie ein Mensch mit seinem menschlichen Verstand eine Situation bewertet und in dieser reagieren würde. Vielmehr muss die Situation durch die Augen des Hundes betrachtet und bewertet werden. Dennoch soll nicht behauptet werden, dass einem Hund nicht Schutz und Beistand geboten werden könnte und dürfe. Sucht der ängstliche Hund des Menschen Nähe, so soll und muss (!) diese ihm ruhig und besonnen geboten werden und er soll erleben können, wie die ihm angsteinflößende Situation vom Menschen souverän durchgestanden wird. So hat er die Chance, sich mit seinem Verhalten – zumindest ansatzweise – am Menschen zu orientieren und vielleicht zu »erlerntem Mut« zu finden. Bedenken wir auch, dass es gerade Indiz für ein anführendes, leitendes Lebewesen ist, Schutz zu bieten und souveräne Stärke vorzuleben. Einem solchen »Anführer« kann man vertrauen – und angstfreies beziehungsweise angstreduziertes Leben hat immens viel mit Vertrauen zu tun!

Auch massive oder immer wiederkehrende Negativerfahrungen (zum Beispiel Beißattacken, Mobbing, unangemessene Behandlung durch den Menschen) führen zu erlernter Angst oder Furcht: Es gibt nicht nur »trainierte Gewinner«, sondern auch »trainierte Verlierer«.

Mobbingopfer finden wir unter Hunden gelegentlich bereits in Welpengruppen und es ist Pflicht des Gruppenleiters, dieses zu erkennen und die Situation zum Wohle des gemobbten Hundes zu entschärfen, die Gruppe zu teilen und/oder das »Opfer« in andere Gesellschaft zu integrieren, um weitreichende Schäden zu vermeiden. Nicht selten werden in der Jugend gemobbte Hunde ihr Leben lang zu Prügelknaben.

Wer als Streuner geboren wird, hat eine gänzlich andere Ausgangsbasis als ein behütet und umsorgt aufgezogenes Hundekind aus einem kompetent geführten Züchterhaushalt. Ein späteres Leben als Familienhund in unseren Gefilden gestaltet sich daher häufig schwierig und konfliktbeladen.

23 Emotionen nutzen – von Angstauslösung zu freudiger Erwartung

Summieren sich Negativerfahrungen in der Interaktion mit Artgenossen, so führt das leicht zu erlernter Angst oder Furcht.

23.1 Die Gegenkonditionierung

Die bereits mehrfach erwähnte Verhaltensbiologin Dr. Stefanie Riemer (https://hundeuni.info) erläutert in ihrem E-Book »Wege aus der Angst« die Vorgehensweise einer Gegenkonditionierung, die wir hier kurz gefasst vorstellen dürfen (Danke an Stefanie Riemer). Hierdurch können die Angst des Hundes reduziert und positive Emotionen gegenüber dem Auslöser erzeugt werden. Der Hund erlebt: Jedes Mal, wenn ich den Angstauslöser wahrnehme, folgt umgehend eine tolle Belohnung! Wenn es gelingt, die grundsätzliche Emotion des Hundes ins Positive zu verändern, kann das »Gute« das »Schlechte« übertrumpfen. Bei der Gegenkonditionierung lernt der Hund, dass der Reiz, vor dem er Angst hat(te), nun etwas für ihn Tolles ankündigt – und dadurch verändert sich seine Emotion ins Positive. Dabei gilt: unbedingt kleinschrittig anfangen, damit der Hund nicht überfordert wird, zum Beispiel in einer großen Distanz zum Angstauslöser.

Ob bei der Gegenkonditionierung mit Futter, sozialer Zuwendung oder Spiel gearbeitet wird, hängt von der individuellen Vorliebe des Hundes ab. Für manche Hunde ist Spiel oder eine Berührung höherwertig als Futter. Alles, was der Hund extrem gern tut beziehungsweise gern hat (und zu dem er sogar noch unter leichtem Stress motivierbar ist), kann als Bestätigung und Belohnung verwendet werden. Es muss gut überlegt werden, für welche Art der Belohnung der Hund wirklich alles tun würde, denn starke positive Emotionen bilden den Schlüssel zum Erfolg.

Fallbeispiel: Bibi

Die Trainingsschritte der Gegenkonditionierung erläutert Dr. Stefanie Riemer am Beispiel von Bibi, die mehrere Male von fremden Hunden gebissen wurde. Nun verspannt sie sich beim Anblick anderer Hunde, starrt diese intensiv an und springt zunehmend auch knurrend in die Leine, um den anderen Hund zu vertreiben. Für sie werden Begegnungen mit Artgenossen immer mehr zur massiven Belastung – für ihren Menschen in der Folge ebenso. Bevor dieses Verhalten sich weiter verstärkt und verfestigt, wird die Gegenkonditionierung eingesetzt.

Trainingsaufbau

Sobald Bibi einen fremden Hund in der Distanz wahrgenommen hat, wird sie gelobt und erhält eine extrem tolle Belohnung. Bei Hunden, die zu nahe an Bibi herankommen und deren Komfortzone womöglich unterschreiten könnten, bauen ihre Menschen erweiterte Distanz auf. So kann verhindert werden, dass Bibi in ihr altes Verhaltensmuster zurückfällt.

Zu Beginn des Trainings wird Bibi immer gefüttert, solange der andere Hund im Blickfeld ist.

Manchmal verwechseln Hundebesitzer Unsicherheit und kommunikative Signale der Konfliktvermeidung. Hier zollt der Labi dem dunklen Artgenossen links im Bild gegenüber ganz deutlich Respekt und Demut. Das hat mit Unsicherheit oder gar Angst nichts zu tun.

Alternativ wendet sich ihre Bezugsperson mit ihr gemeinsam ab und lässt sie anschließend aus der Futterkruke schlecken. Manchmal wird auch ein Leckerli in die entgegengesetzte Richtung (also weg vom anderen Hund) geworfen. So wird Bibi doppelt durch Distanz zum Auslöser und Futter belohnt.

Bibi lernt, dass andere Hunde nicht so gruselig sind wie von ihr gedacht. Mit der Zeit kann sie andere Hunde auch in einigen Metern Entfernung entspannt ansehen und weiß, dass sie bei ihren Haltern eine Belohnung erwarten kann. Außerdem lernt sie, dass sie im Bogen und auf der abgewandten Seite neben ihren Menschen an anderen Hunden vorbeigehen kann. Kommt ihr ein anderer Hund doch zu nahe und sie fährt knurrend in dessen Richtung, ist sie mittlerweile im nächsten Moment wieder ansprechbar. Und diese »Vorfälle« werden auch immer seltener.

Als Bibi schon etwas weiter im Training ist, fangen ihre Menschen an, die Belohnung beim Ansehen des anderen Hundes ein klein wenig hinauszuzögern. Schafft Bibi es von selbst die Entscheidung zu treffen sich abzuwenden, wird das besonders fürstlich belohnt. So lernt sie die Strategie »Abwenden« eigenständig umzusetzen.

Nach einer Weile nimmt Bibi immer häufiger von alleine mit ihren Menschen Blickkontakt auf, wenn ein anderer Hund nahe ist und geht vertrauensvoll mit ihrer Bezugsperson mit.

Tipp:

Ein gut trainiertes Markersignal (ein spezielles Wort oder die Verwendung des Clickers), das vorab als Ankündigung für eine tolle Belohnung aufgebaut wurde, kann bei hoher Erregung oft noch besser zum Hund durchdringen als »normales« Lob.

Selbst wenn der Hund sehr auf den anderen Hund fokussiert ist, gelingt es oft, ihn zur Umorientierung zu bewegen, wenn ihm Futter vor die Nase gehalten wird. Dies ist aber reines Management der Situation. Am effektivsten ist das Training deshalb, wenn der Angstauslöser anfangs weit genug entfernt ist, sodass der Hund noch weitestgehend entspannt schauen kann und es ihm nicht schwerfällt, sich wieder abzuwenden.

Auch der Fakt der Stimmungsübertragung spielt eine extrem wichtige Rolle im Training. Ist die Erregung des Hundes noch im »grünen Bereich«, kann ruhiges Lob über Stimmungsübertragung für noch mehr Entspannung beim Hund sorgen – und dieser kann sich infolge in Ruhe mit dem Auslösereiz auseinandersetzen.

Dr. Stefanie Riemer,
www.hundeuni.info/angst

Vielen Dank an PD Dr. Stefanie Riemer, Verhaltensbiologin, Wien

24 Angst und Nachahmung

Furcht und Angst können auch durch Stimmungsübertragung vermittelt und eventuell sogar erlernt werden. Somit helfen die umfangreichsten Bemühungen des Züchters wenig, wenn dem Welpen durch die Mutter unangemessene Angst und aversives Verhalten vorgelebt werden. Auch der Wunsch, seinem ängstlichen Hund einen zweiten zur Seite zu stellen, um ihn zu stärken, ist meist zum Scheitern verurteilt. Das wahrscheinlichere Resultat wird sein, dass man in naher Zukunft zwei ängstliche Vierbeiner beherbergt, die sich gegenseitig in ihren Abwehrmechanismen hochschaukeln. Eine Vielzahl von aggressiven Verhaltensweisen des Hundes sind nicht in ihrem Rangstreben zu sehen, sondern sind erlernte Strategien, sich unerwünschte, weil beängstigende Konfrontationen vom Hals zu halten, getreu dem Motto »Angriff ist die beste Verteidigung«. Und der Begriff des »Angstbeißers« ist wohl jedem bekannt und schwebt als Schreckgespenst über vielen Mensch-Hund-Beziehungen. Wo Flucht (*flight*) nicht möglich, da wird der Kampf (*fight*) schnell zum Mittel der Wahl.

Dabei ist festzustellen, dass die Abwehr über Biss ein vielfach völlig unkontrolliertes Beißverhalten mit maximaler Ausprägung bedeutet. Angstbeißer beißen direkt, ohne Vorwarnung und fest. Schnell kommt es hier zu einem konditionierten Verhalten, also Angriff als einzig mögliche Verteidigung!

»Wenn das Aggressionsverhalten […] wiederholt mit einem präzisen Kontext verbunden (ist), kann es dazu kommen, dass (es) in reflektorischer, automatischer Weise ausgedrückt (wird).« (Dehasse, 2002)

Dehasse spricht von »aggressiven Automatismen, die unter ganz präzisen Umständen ausgelöst werden«. Der Lernerfolg liegt im Vorteil der diesem Verhalten folgenden Konsequenzen. Beispiel: Der Hund wird mit einem Besucher konfrontiert, der sich ihm nähert. Auf Anraten des Besitzers wird der – völlig unsinnige! – Rat erteilt, es möge doch die Hand vorgestreckt werden, damit der Hund einmal schnuppern könne. Der Hund fühlt sich dadurch aber bedroht und schnappt nach der ausgestreckten Hand des Besuchers. Die Hand wird weggezogen, der Besucher entfernt sich. Der Hund lernt, dass er über Drohen und Schnappen Unwohlsein verursachende Konfrontationen für sich verhindern kann.

Hierbei handelt es sich ganz eindeutig um eine Aktivierung des Kampf- und Fluchtsystems; der Hund handelt also höchstwahrscheinlich aus konkreter Furcht. Für alle Beteiligten einfacher und sinnvoller wäre es gewesen, den Hund einfach zu ignorieren, ihn nicht anzusehen, sich ihm nicht direkt zu nähern und die Entscheidung Flucht (im Sinne von Distanzierung) oder Exploration (im Sinne von vorsichtigem Annähern mit eventueller Kontaktaufnahme) dem Hund zu überlassen. Letzteres beinhaltet die Möglichkeit, dass der Hund sich an Besucher gewöhnt und in diesen mit der Zeit keine oder zumindest eine geringere Bedrohung für sich zu sehen. Das wäre ein positiver Lernerfolg. Eventuell muss er durch

Gut sozialisierte Hunde kommunizieren in der Regel klar und deutlich, was Missverständnisse und Konflikte vermeidet. Der dunkle Hund zeigt seinen Respekt und nähert sich mit Signalen der Demut dem Aussie, der sich seinerseits selbstbewusst darstellt.

die Leine anfangs gesichert werden, damit es nicht zu »Kurzschlussreaktionen« kommen kann.

Die Wirkung von Stimmungsübertragung zwischen Mensch und Hund, in Ansätzen auch zwischen Hund und Hund, wurde in einer Reihe von gezielten Versuchsaufbauten überprüft. Lässt man einen Menschen mit seinem Hund in einem Raum allein und präsentiert dann plötzlich einen unerwarteten Reiz (zum Beispiel einen ferngesteuerten, blinkenden Roboter, der unter dem Tisch hervorgefahren kommt), so orientiert sich der Hund oftmals in seinem eigenen Verhalten eindeutig an dem, was sein Mensch ihm vorspielt. Erhält der Mensch die Regieanweisung, diesen Gegenstand freudig begeistert zu begrüßen und sich mit freudiger und möglichst eindeutig spielerischer Ausdrucksweise damit zu beschäftigen, so wird auch der Hund hinterher, sobald er alleine mit diesem Gegenstand ist, ihn neugierig untersuchen und sich mit ihm zu beschäftigen versuchen. Erhält der Mensch dagegen die Regieanweisung, sich furchtsam, skeptisch oder angewidert diesem Gegenstand gegenüber zu benehmen, so wird der Hund hinterher, sobald sein Mensch aus dem Raum gerufen wird, ebenfalls größtmögliche Distanz zum genannten Roboter einnehmen. Der Mensch kann also sehr wohl durch sein Ausdrucksverhalten sogar dann dem Hund eine Stimmungsübertragung in erwünschter (oder eben auch unerwünschter) Richtung vorgeben, wenn er nur vorgibt, eine solche Stimmung selbst gerade zu erleben.

Die Stimmungsübertragung funktioniert aber nicht nur mittels optischer Reize für den Hund. Mehrere Untersuchungen (D'Aniello et al., 2018; Wilson et al., 2022) zeigen eindeutig, dass Hunde den Duft eines Raumes, in dem sich gestresste Menschen aufgehalten haben, deutlich von dem eines anderen Raumes unterscheiden können, in denen ungestresste Menschen anwesend waren. (Näheres siehe Gansloßer und Kitchenham, 2019). Die Studie ist besonders bemerkenswert, weil diese Menschen nicht ernsthaft gestresst wurden (was aus ethischen Gründen ja auch zweifelhaft wäre), sondern beispielsweise Ausschnitte aus einem Horrorfilm im Gegensatz zu einem romantischen Liebesfilm oder einer Filmkomödie gesehen haben.

Fallbeispiel: Ein scheinbar »hoffnungsloser Fall« und seine unglaubliche Entwicklung

Ben, ein Bardino-Cao-de-Bestiar-Mischling, wurde am 3. Juli 2003 auf der Insel Fuerteventura geboren. Im Alter von knapp drei Jahren wurde er von Tierschützern aus einer der Tötungsstationen der Insel gerettet. Ich hatte mich der Organisation, über die ich ihn letztlich bekam, als Pflegestelle angeboten, denn bereits sein Foto hatte mein Herz berührt. Ben kam kurz nach seiner Rettung nach Deutschland.

Schon in seiner Flugkiste zeigte er massives aggressives Verhalten. In den ersten Wochen und Monaten kristallisierte sich heraus, dass er vor allem mit anderen Hunden extreme Probleme hatte. Sah er einen Artgenossen, rastete er komplett aus. Bekam er die Gelegenheit, stürzte er sich auch über große Entfernungen in Beschädigungsabsicht auf den anderen. Ich stand diesem Verhalten sehr hilflos gegenüber. So etwas hatte ich bislang weder erlebt, noch hätte ich es mir vorstellen können.

Wie Tierschutzhunde auf Menschen reagieren, hängt in erster Linie davon ab, welche Erfahrungen sie mit ihnen gemacht haben. Dieser Strandstreunertrupp hat eindeutig gelernt, dass Touristen spendabel sind, wenn man sie nett anschaut bis flehentlich bedrängt.

(Anmerkung der Autoren: *Aggressionsausbrüche sind gerade bei Hunden, die rund um den Zeitraum der Pubertät mit schweren Kontrollverlusterlebnissen, unbewältigbarem Stress, Aggression seitens der Halter und anderen ungünstigen Bedingungen konfrontiert wurden, wahrscheinlich auch durch eine neurobiologische Fehlverschaltung mit erklärlich. Bei menschlichen Jugendlichen und in der Labortierforschung kennt man das Phänomen, dass in solchen Fällen, wegen der fehlenden* Exekutivfunktionen *die Kontrolle der emotionalen Zustände durch eine rationalere Handlung des Großhirns nicht funktioniert. Dies kann nur durch sehr langwierige und, wie hier gezeigt werden wird, auch erfolgreiche Arbeit mit sehr viel Geduld noch gebessert werden.*

Aggression ist ja kein einheitliches Phänomen. Es handelt sich um ein Vielzweckverhalten, dessen gemeinsames Ziel letztlich die Entfernung unerwünschter Störreize aus der eigenen Individualsphäre darstellt. Wer hier nicht gelernt hat, dies auch durch situativ angemessenes Droh- oder Imponierverhalten, Abbruchsignale etc. zu tätigen, wird dann auch sofort die große Keule auspacken und mit ungehinderter Beschädigungsaggression reagieren.

Zudem ist, wie im Folgenden noch dargestellt werden wird, Ben durch eine Reihe von alten und wahrscheinlich immer noch schmerzhaften Verletzungen beeinträchtigt. Das Schmerzgedächtnis, das ja auch in einem der anderen Fälle eine Rolle spielt, ist hier wahrscheinlich nicht alleine für sein Verhalten verantwortlich gewesen. Viele ständig schmerzende Verletzungen hinterlassen zum Schluss eine erhöhte Empfindlichkeit, die zudem noch durch die aus der Stresssituation heraus entstehenden Hormone gestärkt wird.

Gerade das in permanenter Kontrollverlustsituation immer wieder produzierte Cortisol führt ja auch zu diesen, ohne Vorankündigung plötzlich gestarteten, letztendlich als Befreiungsschlag durchgeführten Aggressionsaktionen.)

Auch auf Menschen reagierte Ben aggressiv. Vor allem, wer ihn länger als wenige Sekunden anschaute oder sich frontal oder überraschend näherte, lebte zu Beginn unserer gemeinsamen Zeit gefährlich. Das aggressive Verhalten Menschen gegenüber verstärkte sich massiv, nachdem eine Hundetrainerin ihn mit Disc-Scheiben, die als Strafmaßnahme dienen sollten, traktiert hatte. Ein einziger Wurf, der Ben am Kopf traf, hatte sein Trauma noch einmal neu und verschärft ausgelöst.

Im Laufe der Zeit verdichtete sich der Verdacht, dass Ben in seiner Vergangenheit auf der Insel furchtbar misshandelt wurde. Sein linkes Auge war laut tierärztlicher Einschätzung blind geprügelt. Röntgenbilder zeigten, dass praktisch der gesamte Hund voller Schrotkugeln steckte. Diese Lage der Kugeln im Körper ließ vermuten, dass die Schüsse – zumindest teilweise – gezielt und beabsichtigt abgegeben wurden. Entsprechende Narben verstärkten diesen Verdacht. Röntgenbilder des Kopfes zeigten auch hier Mengen von Schrotkugeln und Bens Jochbein war gebrochen.

Ben hatte also sehr gute Gründe, Menschen als Bedrohung zu empfinden. Da er in der Tötungsstation und auch auf der Finca, auf der er kurzzeitig untergebracht war, mit anderen Hunden um Futter konkurrieren musste, erklärte sich auch sein aggressives Verhalten Artgenossen gegenüber. Was er mit ihnen vorher erlebt haben mag, ist nicht bekannt. Sein Verhalten ihnen gegenüber war massiv.

(Anmerkung der Autoren: *Es bedarf jedoch keiner einschlägigen Vorerlebnisse, um diese heftige Futterverteidigung zu erklären. Das bereits mehrfach erwähnte Cortisol steigert u.a. auch die Ressourcenaggression. Und Futter als ganz besonders lebenswichtige Ressource kommt hier sehr häufig an allererster Stelle.*

Wenn man einen Hund von Bens Disposition und Verhaltenseigenschaften zu sich nimmt, gehört in jedem Falle zuerst eine vollständige Maulkorbgewöhnung zu den Grundmaßnahmen. Die Sicherung von Menschen und Hunden, die durch ein solches Hilfsmittel erleichtert wird, steht im Vordergrund. Einschlägige Untersuchungen in unserer Arbeitsgruppe haben zudem gezeigt, dass Hunde mit Maulkorb keineswegs beim Artgenossenkontakt beeinträchtigt sind. Ein Verzicht auf dieses Hilfsmittel mit der fadenscheinigen Begründung, der Hund könne damit nicht mehr kommunizieren oder gar, er könne sich damit nicht mehr wehren, ist unverantwortlich. Dies nur als generelle Anmerkung, um Haltern einschlägiger Hunde die Entscheidungsfindung zu erleichtern. Auch die Stresshormonbelastung hat sich in den Studien in unserer Arbeitsgruppe als keineswegs problematisch erwiesen, viele Hunde zeigen sogar ohne Maulkorb eine genauso hohe oder noch höhere Cortisolproduktion als mit demselben.

Es muss auch noch auf die Studie von Ulla Olsen (2008) aus Berlin hingewiesen werden: Je nach Situation sind circa zwei Drittel der Hunde, die wegen irgendwas an der Leine Gedöns machen, mit dem gleichen Menschen ohne Leine in gleicher Situation still. Und noch etwas gibt es zu bedenken: Hunde mit starker Futteraggression sind bisweilen in Situationen, in denen mit Futter belohnt wurde, auch verstärkt am Reagieren.)

Ben reagierte auf jede Form von Zwang mit einer deutlichen Verstärkung seines Verhaltens. Der Satz: »Aggression erzeugt Gegenaggression«, traf auf ihn hundertprozentig zu. Hinzu kam seine Rassedisposition. Sowohl der Bardino, als auch

der Cao de Bestiar sind Hunde, die zum Schutz von Herden gegen Bedrohungen von außen gezüchtet wurden.

Den Durchbruch im Training erzielte ich erst, als ich mithilfe eines Diensthundeführers begann, Ben gezielt zu belohnen. Mithilfe der Click-and-Treat-Methode, die auch bei der Polizei NRW Eingang gefunden hat, bekam ich letztlich einen Fuß in die Tür. Es folgte viel Fleißarbeit; ich musste begreifen, wie wichtig gerade für einen solchen Hund souveräne menschliche Führung ist, wie hoch die Bedeutung, seinen Bedürfnissen Rechnung zu tragen. Ben lernte immer mehr, mich zu beachten, mir zu folgen, an mich abzugeben.

Nach circa einem Jahr regelmäßigen Trainings und sinnvoll aufgebauter Übungseinheiten, die begleitet wurden durch unseren kompetenten Polizeihundetrainer, war aus ihm nicht nur ein Therapiehund für andere Hunde und der unangefochtene Chef meiner Hundegruppe geworden, sondern auch ein Hund, der auf Menschen gerne zuging und sich von ihnen Gutes tun ließ. Ben durfte erfahren, dass Menschen und Artgenossen nicht böse sind. Seine bösen Erfahrungen waren tatsächlich umgekehrt, und nur damit konnte er über viele Jahre bis zu seinem Tod am 21. Juli 2015 das Verhalten zeigen, das ihn zu einem so souveränen Begleiter an meiner Seite machte.

25 Kommunikationsprobleme als Ursache von Unsicherheit, Furcht & Angst

Kommunikationsprobleme können zu angstgesteuertem Verhalten führen. Hierbei sind verschiedenste Störungen der Kommunikation möglich. Innerartliche Kommunikation wird nicht selten durch den Menschen behindert. Nicht erst seit Turid Rugaas sind Signale, die Konflikte und Anspannungen zu managen helfen, bekannt (*calming signals* – die besser als »Konflikt vermeidende Signale« statt nach Rugaas als »Beschwichtigungssignale« übersetzt werden sollten und in der von Rugaas beschriebenen Vielfalt auch gar nicht existieren), doch erhielten sie durch diese weitere Verbreitung und Beachtung. Manch ein unsicherer Hund würde einer Hundebegegnung gern durch den sprichwörtlichen Bogen entgehen. Dies arttypische, völlig normale Verhalten wird durch den Menschen und dessen verbissene »Fuß-Manie« ad acta gelegt. Der sich schon deutlich sträubende, am liebsten »unter der Grasnarbe verschwindende« Vierbeiner wird von seinem Menschen, der offenbar eigene Stärke und Führungsposition in Frage gestellt sieht, am Gegenüber vorbeigeschleift, womöglich noch mit Hund-gegen-Hund-Begegnung. Viele Hunde reagieren auf einen unsicheren Hund erst recht aggressiv, was beim ängstlichen Hund zusätzliches Unbehagen auslöst. Dabei wäre es so einfach, dem Hund einen ausweichenden Bogen zuzugestehen und die Begegnung so zu gestalten, dass mindestens ein Mensch zwischen den Hunden geht.

Ebenfalls völlig unangemessen ist die Angewohnheit einiger Hundehalter, den Hund zu angstauslösenden Dingen und/oder Personen hinzuziehen, damit er »lernt«, dass ihm dort nichts geschieht. Ruhe, Geduld und die eigenständige Annäherung des Hundes an das Subjekt oder Objekt des Unwohlseins zu ermöglichen, wäre Erfolg versprechender. Leicht kann man sich hierbei die hundetypische Neugierde zunutze zunutze machen und z.B. ein Sniffpad in noch möglicher Distanz platzieren!

Viele körpersprachliche Signale des Menschen im täglichen Umgang mit dem Hund werden vom Vierbeiner – vom Menschen völlig unbewusst, unabsichtlich und vielfach auch unbemerkt – als verunsichernd, bedrohlich und beängstigend empfunden und bewertet, **wenn** das entsprechende Vertrauen zum und die Vertrautheit mit dem Menschen (noch) fehlen. Hierzu können zum Beispiel auch das Über-den-Hund-Beugen zum An- und Ableinen, das Auf-den-Kopf-Tätscheln zum Streicheln, das Vornüberbeugen beim Heranrufen, das In-den-Arm-Nehmen zum Herzen und Schmusen bedeuten. Reagiert der Hund abwehrend, hat er den »Schwarzen Peter« und gleich ist es wieder das Tier, das »eine Macke« hat. Selten wird die grundsätzliche Vertrauensbasis vom Hund zum Menschen hinterfragt!

Sehr viele Hunde reagieren mit Zurückweichen, Beschwichtigen, Weggehen oder Wegducken auf eine vor- oder übergebeugte Körperhaltung des Menschen. Diese ist ihnen äußerst unangenehm.

Fallbeispiel: Seppl – vom dauerkranken »Aggrohund« zum »Tut-Nixler«

Seppl ist ein Schäferhund-Rottweiler-Berner-Sennenhund-Mischling, geboren am 11. November 2006. Er kam auf Umwegen zu mir und war nicht wirklich ein »Wunschkind«. Doch war gerade er es, der mich in besonderer wie extremer Weise lehrte, wie essenziell klare, den Hund mit seinen Bedürfnissen sehende Führung ist.

Als Trainerin wurde ich zu diesem Hund gerufen, der damals noch Bennie hieß und bei einer älteren Dame lebte. Sie hatte ihn aus dem Osnabrücker Tierheim geholt. Er war extrem aggressiv gegen Menschen und seine damalige Halterin traute sich wegen dieser Probleme kaum noch mit ihm aus dem Haus. Seppl-Bennie ging wirklich jeden an, der sich ihm näherte oder ihn auch nur passieren wollte. Daran, dass jemand stehen bleiben oder gar die Halterin hätte ansprechen können, war nicht im Ansatz zu denken.

Unglücklicherweise lebten Hund und Frau zwar nicht mitten in der Stadt, aber in einer städtischen Umgebung, in der sich naturgemäß viele Menschen bewegen. Andauernder Stress für beide Seiten war vorprogrammiert. Dazu kam, dass Seppl regelmäßig krank war. In mehr oder minder gleichbleibenden Abständen bekam er extrem hohes Fieber und konnte sich dann kaum noch bewegen. Eine wirkliche Diagnose gab es jedoch nie. Der Hund galt aufgrund seines aggressiven Verhaltens auch beim Tierarzt als »nicht behandelbar«. Verabreicht wurden Allheilmittel: Antibiotika, entzündungshemmende Schmerzmittel oder Kortison in verschiedenen Kombinationen. Alles half scheinbar, aber immer nur kurzzeitig.

Vom damaligen Bennie nahm ich erstmals Notiz, als sich seine Halterin Hilfe suchend in meinem Forum anmeldete. Relativ schnell verabredeten wir uns zum Training. Und relativ schnell wurde klar, dass die zwar sehr liebe und den Hund vergötternde Frau nicht die nötige Ruhe und Souveränität aufbrachte, Bennie so zu führen, dass er nicht immer wieder sein Heil in der Flucht nach vorne suchen musste.

Wir übten gemeinsam, es stellten sich Erfolge ein. Zu Rückschlägen kam es jedoch ebenfalls immer wieder, einfach, weil außerhalb des Trainings jegliche Konsequenz und Stringenz fehlten. Als Bennie eines Tages im Treppenhaus des Wohnhauses den Vermieter der Halterin anging, hieß es: Hund weg oder Wohnung weg, was dazu führte, dass ich gebeten wurde, Bennie zunächst einmal in Pflege zu nehmen.

Gebracht wurde er in einem erbarmungswürdigen Zustand, denn kurz nach dem Vorfall mit dem Vermieter hatte sich das Fieber wieder eingestellt. So empfing ich einen gezeichneten, vollkommen willenlosen, apathischen Hund, mit dem der erste Weg zum Tierarzt führte. An meiner Seite zeigte Bennie im Behandlungszimmer zum ersten Mal zwar Angst, aber keinerlei aggressives Verhalten. Nachdem unsere Tierärztin ihm

Kortison und ein kompatibles Schmerzmittel gespritzt hatte, war Bennie am folgenden Tag fieberfrei. Mit dieser Fieberfreiheit kam unser erster Spaziergang.

Von diesem Tage, dieser Stunde an zeigte Bennie, den ich kurz darauf Seppl taufte, da ich ja schon einen Ben an meiner Seite hatte, keinerlei aggressives Verhalten gegen Menschen mehr. Es war, als ob ein Wunder passiert wäre. Als ob jemand ihn mit einem Zauberstab berührt und die Aggression genommen hätte. Bennie-Seppl hielt sich ohne Leine an meiner Seite, reagierte auf jedes Kommando und rannte sich sichtbar den gesamten Stress seiner Vergangenheit von der Seele. Nie habe ich einen Hund so sprinten, so hin- und herflitzen sehen wie in diesen Tagen unseren dreifarbigen Familienzuwachs. Er lief und lief und lief – an Menschen vorbei, die er keines Blickes würdigte, an Hunden vorbei, die ihn nicht interessierten. Es war unglaublich.

In der Folgezeit lernte er gezielt Menschen kennen. Schnell konnte der sichernde Beißkorb fallen. Seppl ging auf wirklich jeden freundlich zu, ließ sich Leckerchen geben, ließ sich streicheln. Von Aggression keine Spur. Von Unsicherheit jedoch schon. Er nahm Führung, jede Hilfe, jede Struktur, so ungeheuer kooperativ an, schien so erleichtert, wie ich es mir vorher nicht hätte vorstellen können. Diese Elemente waren alles, was er brauchte, gebraucht hatte, um sich nicht mehr in die Aggression flüchten zu müssen. Er fragte mich ab, wenn er sich in einem Konflikt befand, er tat, was ich ihm sagte, und suchte, auch wenn es unglaublich klingt, tatsächlich nie wieder sein Heil in der Flucht nach vorne. Einfach, weil ich ihm Auswege bot, ihm zeigte, ihm beweisen konnte, dass ein Leben an meiner Seite stressfrei ist, ich seine Bedürfnisse erkannte und berücksichtigte, die tagtäglichen Angelegenheiten selber regelte und ihm nicht Aufgaben zuschob, denen er nicht gewachsen war.

Heute ist Seppl ein aufgeschlossener, freundlicher, fröhlicher Hund. Nach wie vor ist er nicht gerade die Sicherheit in Person. Nach wie vor braucht und bekommt er Hilfestellung, wenn ihm etwas unheimlich ist. Für die, die ihn nicht von früher kennen, wirkt er wie ein »Tut-Nixler«, unmerklich holt er sich ab, was er benötigt. Was er nicht mehr ist, ist aggressiv. Was er nicht mehr ständig hat, ist Stress. Was er ist: Er ist umweltsicherer geworden. Zudem bekommt er schon lange kein Fieber mehr, man könnte auch sagen, er ist »pumperlgesund«.

Die Ursache für Seppls »Schübe« fand ich jedoch nicht sofort heraus. Erst nach einer Weile des Zusammenlebens und Beobachtens, dämmerte

mir: Seppl hatte schlicht und ergreifend mit Fieber, mit Krankheit, auf übermäßige Belastung reagiert. Nachdem ich ihm viel davon nehmen konnte, wurden die Krankheitsphasen seltener. Ich beobachtete auch, dass Seppl nach für ihn stressigen Situationen einfach sehr schnell rennen und umhertollen können musste, um gar nicht erst krank zu werden. Er musste sich durch körperliche Aktivität abreagieren können. War das jedoch nicht möglich, weil er zum Beispiel nach einem Tierarztbesuch, in dessen Rahmen er sediert worden war, dazu nicht in der Lage war, stieg das Fieberthermometer am folgenden Tag garantiert über die 40-Grad-Marke.
Ich begann also Seppl seine »Medizin« gezielt zu geben. Ich sah ja, wenn der Stress überhand nahm, und gewährte ihm dann umgehenden Freilauf. Ging das nicht, bekam er umgehend eine einmalige Medikamentendosis. Und siehe da, mein Hund blieb fieberfrei.

Mittlerweile liegt der letzte Schub Jahre zurück. Einfach, weil meinen Hund vieles von dem, was ihn früher belastet und in die Krankheit getrieben hätte, längst kalt lassen kann. Heute ist Seppl ein problemloser Hund, der trotz seiner jetzt auch schon 9,5 Jahre mit seinen Hundekumpels nach wie vor flitzt, wann immer es geht.

(Anmerkung der Autoren: *Die Beschreibung lässt vermuten, dass es sich bei Seppl um einen eher vom Adrenalin-Noradrenalin-System gesteuerten Hund handelt. Seine Vorwärtsaggression ist offensichtlich nur durch das unsichere und wenig Leittiereigenschaften ausstrahlende Verhalten der ersten Halterin erklärlich. Wir vergleichen das Zusammenspiel von Mensch und Hund gerade in Krisensituationen gern mit dem Verhältnis von Kapitän und Co-Pilot im Flugzeugcockpit. Wenn der Kapitän nicht klar und eindeutig signalisiert, dass er in einer Krisensituation die Führung der Maschine übernehmen kann und dann auch weiß, was er tut, wird der Co-Pilot seinerseits versuchen, ohne Befehl Ausweichmanöver zu fliegen. Die Haltung des Menschen muss also zunächst dahin gehen, dem Hund zu zeigen, dass der Mensch in der Lage ist, für das Team gerade in Krisensituationen zuverlässig und vor allem erfolgsorientiert zu handeln. In den seltensten Fällen nur wird ein Hund auch dann noch versuchen, Probleme selbstständig und gerade durch Vorwärtsaggression zu lösen.*

Die weitgehende Steuerung mithilfe der Nebennierenmarkshormone ist auch eine mögliche Erklärung für die Fieberschübe. Adrenalin aktiviert u.a. den Grundstoffwechsel. Man hat errechnet, dass jedes einzelne zusätzlich produzierte und freigesetzte Molekül Adrenalin bis zu 10.000

Moleküle Traubenzucker verbrennen lassen kann. Dabei entsteht eben auch Abwärme, und wenn diese dann zusätzlich ins System eingespeist wird, können Fieberschübe auftreten. Die genaueren biochemischen Zusammenhänge sind hier nicht unbedingt von Bedeutung; das Phänomen an sich kann jedoch gerade bei sehr aktiven A-Typ-Hunden durchaus zu ähnlichen Erscheinungen führen.

Die Behandlung mit Kortison, einem chemisch dem immer wieder erwähnten Stresshormon Cortisol sehr nahe verwandten Botenstoff, war zweifellos in dieser Situation nötig. Trotzdem erhöht Kortison ebenso wie das körpereigne Cortisol eine Reihe von Verhaltenstendenzen, beispielsweise auch die Selbstverteidigungsaggression, vor allem nach dem Befreiungsschlagmuster. Dass durch die langjährige Erfahrung des Hundes mit solchen unangenehmen Situationen die Abwehrverhaltensweisen bereits im Sinne von ankonditionierten, bedingten Reflexen über den Hirnstamm ohne Beteiligung des Großhirns funktionieren konnten, verschärfte die Problematik noch weiter. Wenn der Hund dann durch sein schnelles und bewegungsaktives Herumrennen die Stoffwechselaktivitäten anfeuern konnte, wird dadurch gleichzeitig auch der Spiegel der passiven Stresshormone gesenkt, was insgesamt seine Symptomfreiheit nach solchen Erlebnissen erklärt.

Auch hier handelt es sich wieder um einen dreifarbigen Hund. Der Zusammenhang zwischen Fellfarbe und Verhaltenstendenzen bei Hunden ist durchaus mittlerweile erklärlich und belegt. Je mehr von dem schwarzen bis dunkelbraunen Pigment, dem Eumelanin, ein Hund bildet, desto mehr ist auch sein Stresshormonhaushalt stark auf die Hormone der aktiven Problemlösung, also des Adrenalin-Noradrenalin-Systems programmiert. Je mehr rote oder gelbe Pigmentanteile er trägt, desto mehr wird die Cortisolsteuerung in Krisensituationen bei ihm aktiviert. Diese Zusammenhänge lassen sich immer wieder auch in der Alltagserfahrung erkennen, wonach Hunde mit einem größeren Schwarz- oder Dunkelbraunanteil im Fell oftmals mehr zur aktiven Problemlösung neigen, gegebenenfalls aber auch sowohl sturer als auch optimistischer sind.)

Dunkelhaarige Hunde sind häufig aktiver in der Suche nach Problemlösungen.

26 Konfliktmanagement

Grundsätzlich lässt sich sagen, dass eine Auseinandersetzung des Menschen mit hundlichen Kommunikationsmechanismen der Mensch-Hund-Beziehung ausgesprochen dienlich wäre. Es lohnt sich sicherlich, bei den eigenen Verhaltensweisen zu hinterfragen: »Wie versteht und interpretiert der Hund mein Verhalten? Was zieht er für Rückschlüsse daraus? Wie wird diese Situation auf »Hundisch« verstanden?«

Gleichzeitig muss der Hundehalter aber auch lernen, was hundliches Konfliktmanagement ist und wie der Mensch seinen Vierbeiner dabei unterstützen kann, Konflikte durchzustehen, zu lösen und zu bewältigen. Dabei ist es natürlich sehr hilfreich, wenn nicht gerade der Mensch selber der Auslöser für anhaltende Konfliktsituationen ist. Das Erkennen von Signalen und deren korrekte Deutung sind wichtig, um den Hund zu verstehen und seine Reaktionen sowohl Artgenossen als auch Menschen gegenüber richtig einzuschätzen, was hilft, konfliktträchtige Situationen zu vermeiden. Dabei sind aber nur die zur Konflikt- beziehungsweise Eskalationsvermeidung eingesetzten Signale auch wirklich echte Beschwichtigungssignale. Signale, die auf einen inneren Konflikt schließen lassen und zeigen, dass das Tier momentan zwei konträren Motivationsfaktoren (zum Beispiel Flucht oder Angriff) ausgesetzt ist, sind dem submissiven Verhalten zuzuordnen oder Übersprungshandlungen.

Kennzeichnend für Beschwichtigungssignale ist, dass sie in konfliktträchtigen Situationen vermehrt gezeigt werden und aggressionshemmend auf das Gegenüber wirken. Wissenschaftlich belegt sind Maulwinkellecken, das Sich-klein-Machen, das Pföteln, die Blickvermeidung und einige Demutsgesten. Auch das Absetzen von Harn in Kombination mit einer unterwürfigen Körperhaltung dient der Beschwichtigung und ist nicht selten bei ängstlichen Tieren zu sehen. Beschwichtigungssignale werden »von unten nach oben« (hierarchisch gesehen, nicht körpersprachlich), gesendet.

Sicherheitsgeschirre, wie das abgebildete AnnyX Safty, bieten nochmal mehr Schutz als normale Brustgeschirre.

Gegenüberstellung Beschwichtigungssignale/Übersprungshandlungen

Beschwichtigungssignal	Übersprungshandlung
angewandt in Konfliktsituationen	angewandt in Konfliktsituationen, aber auch in anderen stressbehafteten Momenten
soll Angriffstendenz mindern	Entscheidung Angriff oder Flucht ist noch nicht gefallen
Motivation Aggressionshemmung	Motivationskonflikt, z.B. Flucht/Angriff
vorkommend in allen Bereichen des Sozialverhaltens	vorkommend in allen Bereichen des Sozialverhaltens
Verzicht auf evtl. umstrittene Ressource	Abwägung, ob Streit oder Verzicht
wird vom Statusniederen dem Höheren gegenüber gezeigt	Statusgefälle ist keine Voraussetzung
von sexuellem oder infantilem Verhalten abgeleitete Verhaltensweise	Verhaltensweisen sind gängig, aber nicht zur Situation passend
als Signal sehr deutlich	als Signal eher diffus

Auswirkungen von Angst
(zum Teil direkt erlebbar, ohne Anspruch auf Vollständigkeit, siehe auch «Man sieht es ihnen an», Seite 16ff)

- Erstarren (Freezing)
- Hyperaktivität, Zerstörungswut
- Depression
- übermäßiges Bellen und Heulen
- Koten und Urinieren, Durchfälle
- Zittern, Speicheln, Hecheln
- Verschuppung des Fells, sonstige Fellprobleme
- Hautprobleme
- Leckdermatitis
- Organerkrankungen (auch Diabetes)
- Aggression (auch Autoaggression)

Weitere ausführlichere Informationen, auch zum theoretischen Hintergrund, siehe Gansloßer (2015).

Fallbeispiel: Shania, ein Angsthund

Shania lebte seit ihrer Geburt abseits jeglicher Zivilisation in einem unzugänglichem Waldstück. Bis zu ihrem zweiten Lebensjahr musste sie in einem kleinen Verschlag von circa zwei mal drei Metern aushalten. Sie kannte nichts! Keine alltäglichen Geräusche, keine Spaziergänge, keine Sozialisierung, kein Schnüffeln, kein Spielen, einfach nichts. All das spielte sich nicht im »bösen« Ausland ab, sondern direkt vor unserer Haustüre. Ihre »Erlösung« kam, als ihr Besitzer verstarb und die Erben sie loswerden wollten.

Ein befreundeter Verein erfuhr von ihrem Schicksal und bat mich, sie in Pflege zu übernehmen. Da ich vor Ort war, ihre »Behausung« kannte und sie mir in der Seele weh tat, stimmte ich zu und übernahm sie. Schon die Abholung gestaltete sich äußerst schwierig, da sie weder Leine noch Halsband oder Geschirr kannte und folglich immer den Rückwärtsgang einschaltete, um diese Dinge loszuwerden. Auf einer Brücke über einen Fluss hat sie sich dermaßen erschreckt, dass sie rückwärts unter dem Brückengeländer durchmarschierte und ich sie erst in letzter Sekunde im Fell zu fassen bekam und hochziehen konnte, um einen Absturz zu vermeiden. Hier wurde mir zum ersten Mal schlagartig klar, dass Shania absolut nicht in einem handelsüblichen Geschirr zu führen war.

Nach dieser Aktion ging es mit viel Geduld und Zeit langsam weiter in Richtung Auto. Da Shania vermeintlich keine Berührungsängste mit Menschen hatte, machte ich mir bezüglich Begegnungen dieser Art vorerst keine Gedanken. Dies sollte ein fast fataler Fehler sein! Kurz vor einem Restaurant, in dessen Nähe unser Auto parkte, versetzten sie die Menschen auf der voll besetzten Terrasse so heftig in Angst und Schrecken, dass sie ruckartig zurückzog und ihr das Geschirr bis auf ihren Kopf rutschte. Sie war also nicht mehr wirklich sicher in meiner Hand. Wir befanden uns momentan circa 30 Meter neben einem stark befahrenen Autobahnzubringer!

Heute kann ich nicht mehr sagen, wie lange es gedauert hat; ich hatte Zeit und Raum völlig ausgeblendet. Ich musste diesen Hund wieder sicher in meine Hand bekommen. Ich ließ mich sofort auf meine vier Buchstaben nieder, die Leine locker durchhängend, damit das Geschirr nicht völlig von ihr abfiel. Auch wenn es nicht mehr wirklich seine Funktion erfüllte, so gab es mir das Gefühl, dass zumindest noch eine Verbindung zwischen Shania und mir bestand. Zentimeter für Zentimeter robbte ich mich im Zeitlupentempo an die Hündin heran, redete ganz leise und ruhig mit ihr, hielt ihr währenddessen vorsichtig meine Hand entgegen.

Gott sei Dank verharrte sie in ihrer Position und blieb stocksteif stehen. Als ich so weit an sie herangekommen war, dass ich sie greifen zu können wusste, beherrschte mich nur ein einziger Gedanke: *Du darfst dir keinen Fehlgriff leisten, das Zupacken muss auf Anhieb sitzen! Sonst landet sie auf dem Autobahnzubringer und du hast sie auf dem Gewissen!*
Bei dem Gedanken wurde mir schlecht …
Ich habe zugepackt, mit beiden Armen – und ich habe sie erwischt! In dem Moment fiel mir eine ganze Felswand vom Herzen.

Keine Ahnung, ob die Menschen auf der Restauranterrasse tatsächlich ruhig waren, weil sie meine Aktion verfolgten oder ob ich ihr Stimmengewirr einfach nicht mehr wahrgenommen habe, weil es in diesem Augenblick für mich nur den Hund und mich auf dieser Welt gab … Alles schien stillzustehen, alles schien lautlos und wie in Watte gepackt.

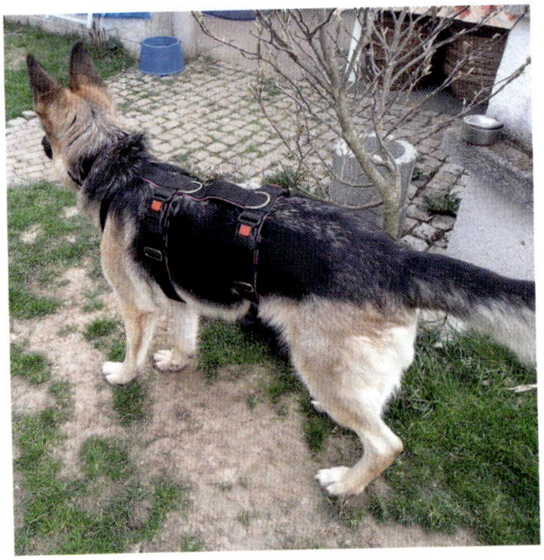

Beim Sicherheitsgeschirr verhindert ein zusätzlicher Bauch-/Taillengurt das Herauswinden.

Shania war lange ein Angsthund; sie erschrak wirklich vor allem, was neu für sie war. Mittlerweile ist sie eine sehr selbstbewusste Hündin geworden. Diesen Umstand habe ich zum größten Teil meinem sehr ausgeglichenen und souveränen Rüden zu verdanken, der sie sofort unter seine Fittiche nahm und ihr das Leben zeigte. Deshalb von dieser Stelle einmal ein »Danke« an meinen Rüden Nexor (obwohl ihm eine Frikadelle wohl lieber wäre)! Shania ist natürlich geblieben und in mein Eigentum übergegangen. Vielen Dank an den TSV, unter dessen Obhut sie stand, der mir damit sein Vertrauen entgegengebracht hat.

Aufgrund unserer Erfahrungen am ersten Tag mit Shania wurde umgehend ein sogenanntes Sicherheitsgeschirr für sie bestellt. Wichtig bei einem solchen ist, dass der zweite Bauchgurt **hinter** dem letzten Rippenbogen sitzt. Dies verhindert beim Rückwärtslaufen, Ziehen oder Springen ein Herausrutschen des Hundes aus dem Geschirr. Zusätzlich haben wir das Geschirr mit Sicherheitsschnallen ausstatten lassen. Nachdem die Schnallen eingeklinkt sind, schiebt man eine rote Platte hoch und ein Öffnen ist nicht mehr möglich.
Grundsätzlich sollte man einen Angsthund ausschließlich in einem Sicherheitsgeschirr führen. Zusätzlich empfiehlt sich eine zweite Leine, die an einem zusätzlich zu tragenden Halsband befestigt ist.

(Anmerkung der Autoren: *Es muss dringend beachtet werden, dass nach den Ergebnissen der Jenaer Bewegungsstudie (Fischer & Lilje, 2011) ein großer Teil der im Handel befindlichen Geschirre ungeeignet ist, weil sie die Bewegung der Schulterblätter einschränken (zum Beispiel sogenannte Norwegergeschirre). Gerade bei Tierschutzhunden, die oft Verspannungen, Schäden an der Wirbelsäule oder Schmerzgedächtniswahrnehmungen haben, ist das ein wichtiger Aspekt, der beachtet werden muss. Es empfiehlt sich daher, ein Geschirr nicht nach der Optik und Pi-mal-Daumen-Größenabschätzung im Internet zu bestellen oder ohne sachkundige Beratung aus dem Futtermittelladen mitzubringen, sondern unter kompetenter Anleitung (zum Beispiel einer Physiotherapeutin) mehrere Modelle und Schnitte anzuprobieren und dann zu entscheiden.)*

Jeder übernimmt mit einem Hund die Verantwortung für dessen Leben und Wohlergehen. Dessen sollte man sich bewusst sein und entsprechend danach handeln!

(Anmerkung der Autoren: *Shania hat aufgrund ihres langen Verbleibs in den genannten ungünstigen Bedingungen sowohl die erste als auch die zweite Prägephase verpasst. Sie musste alle Umwelterfahrungen nachträglich mühsam in einer Form des Einzellernens erarbeiten und konnte erst sehr viel später die Verknüpfungen zu einer Verallgemeinerung herstellen. Lernprozesse in der Prägungsphase nehmen normalerweise den umgekehrten Weg: Einzelne, durch die Prägung etablierte Reizkombinationen werden sehr leicht verallgemeinert und auf andere, vergleichbare Situationen der Umwelt übertragen. Im Zusammenspiel mit dem bereits im Haushalt vorhandenen Rüden zeigt sich zudem eine weitere, auf die soziale Tendenz des Hundes ausgerichtete Eigenschaft: Hunde sind sehr gut im Beobachtungslernen von Artgenossen und gerade unsichere und/oder rangtiefe Hunde beiderlei Geschlechts tendieren dazu, sich in einer Mehrhundehaltung am bereits vorhandenen ranghöheren Individuum in ihren Lernprozessen zu orientieren.*

Dieser Fall ist also sicherlich auch einer der wenigen, in denen der bereits vorhandene Ersthund für die Hündin eine segensreiche Wirkung hatte und damit auch für die Halterin zu mehr Lebensqualität führt. Vermieden werden muss jedoch auf jeden Fall eine umgekehrte Situation: Wenn der Ersthund bereits ängstlich oder unsicher ist, wird sich der Zweithund ebenfalls an ihm orientieren und diese Angst und Unsicherheit übernehmen anstatt dem Ersthund mehr Sicherheit zu verschaffen. Hunde tendieren aufgrund ihres Sozialsystems dazu, denjenigen, der sich bereits länger in einem Lebensraum beziehungsweise Revier aufgehalten hat, als Vorbild zu akzeptieren, da man »annimmt«, dass der die dortigen Gepflogenheiten ja besonders gut kennen müsste.)

27 Die mögliche Wirkung der Ernährung auf psychische Ausgewogenheit und Stabilität

Nicht grundsätzlich, aber manchmal ist ein bereits im Haushalt lebender Kumpel für einen Angsthund ein Segen – vorausgesetzt, der Kumpel ist souverän. Dann kann man denjenigen, der sich bereits länger im »Revier« aufhält, als Vorbild nutzen, da er die dortigen Gepflogenheiten gut kennt.

In der Tat ist es möglich durch Nahrungsergänzung schon vor dem Einsatz echter Psychopharmaka, über die im nächsten Absatz berichtet wird, eine Veränderung der emotionalen Grundtendenz eines Hundes vorzubereiten. Die genauere Auflistung solcher Möglichkeiten findet sich in einschlägigen Literaturen, zum Beispiel Winkler in Gansloßer (2023) oder Strodtbeck und Schröder (2020). Ohne eine individuelle Verhaltens- und Persönlichkeitsanalyse sollten und dürfen (!) solche Maßnahmen genau wie Trainingsmaßnahmen nicht erfolgen.

Ohne hier also ins Detail zu gehen, können einige allgemeingültige Aspekte angesprochen werden: Der bereits wiederholt erwähnte Botenstoff

Serotonin beispielsweise funktioniert u.a. eben auch als körpereigenes Antidepressivum und als körpereigener Angstlöser. Serotoninabhängige Nervenzellen wirken, wie auch in Untersuchungen an Hunden bereits bewiesen wurde, im Bereich des rechten frontalen Stirnhirns und im Bereich des vordersten Stirnhirns. Dort ist, wie bereits erwähnt, u.a. auch eine Angst und Panik unterdrückende Funktion angesiedelt. Werden dort die mit Serotonin als Botenstoff agierenden Nervenzellen aktiviert, so üben sie über hemmende, also erregungsdämpfende absteigende Fasern eine »Bremswirkung« im Bereich des Mandelkerns aus und führen dadurch zu einer ruhigeren Bewertung der Situation. Serotonin wiederum wird im Gehirn aufgebaut über die Aminosäure Tryptophan. Tryptophan kann in den Hirnstoffwechsel besonders dann gut aufgenommen werden, wenn der Gesamtproteingehalt der Nahrung nicht allzu hoch ist (Werte über 25 Prozent sollten hier möglichst vermieden werden) und wenn gleichzeitig Kohlenhydratfütterung erfolgt. Tryptophan wiederum ist als Nahrungsergänzung in verschiedenen Präparaten erhältlich und kann dem Hund zugefüttert werden. Jedoch, wie erwähnt, muss dazu auch die Gesamtnahrungszusammensetzung stimmen. Gerade die in der einschlägigen Rohfütterungsszene oftmals üblichen hohen Proteinwerte und der völlige Verzicht oder sogar die Verteufelung von kohlenhydrathaltigen Futtermitteln sind nicht nur evolutionsbiologischer Unfug (der Hund ist nun mal kein Wolf mehr), sondern gerade im Zusammenhang mit der Verhaltenssteuerung zusätzlich kontraproduktiv.

Ebenfalls bereits erwähnt wurde die Wirkung des Casozepin, das auch die erregungsdämpfenden GABA-Synapsen bedient und damit zu einer insgesamt doch deutlichen Erregungslinderung beitragen kann. Die Wirkung des Casozepins, das aus einem gespaltenen Milcheiweiß gewonnen wird, ist letztlich keine andere als die bei einem Menschen, der abends zum Einschlafen ein Glas heiße Milch trinkt. In einer etwas konzentrierteren Form kann es eben auch durch die Gabe des casozepinhaltigen Präparats geschehen. Auch einige andere, als Aminosäuren oder/und pflanzliche Inhaltsstoffe gebräuchlichen Nahrungsergänzungen können unter Umständen beim Hund in ähnlicher Weise wie beim Menschen eingesetzt werden, etwa das aus dem grünen Tee bekannte Theanin.

Dennoch muss darauf hingewiesen werden, dass die Anwendbarkeit pflanzlicher oder aus pflanzlichen Wirkstoffen abgeleiteter Produkte im Zusammenhang mit Angst- und vergleichbaren Verhaltensproblemen von Hunden durchaus noch umstritten ist. Die bereits erwähnte Studie von Stefanie Riemer (2020) zeigte im Zusammenhang mit der Feuerwerksproblematik bei Hunden für pflanzliche Extrakte (die allerdings nicht weiter spezifiziert wurden) Erfolgszahlen, die nicht über denen eines erwarteten Effekts bei Placebowirkung lagen. Auch andere Untersuchungen sind hier nicht viel aussagekräftiger. In Bezug auf das inzwischen häufig angewendete CBD-Öl wird nur von einer einzigen Studie, und zwar von Halterbefragungen aus Kanada berichtet, die einen Effekt bei ängstlichen oder emotional instabilen Hunden zeigen (siehe Egner in Gansloßer, 2023). Manuela Michelazzi und Co-Autoren (2015) zeigen jedoch bei der Anwendung von Theanin sehr wohl eine statistisch nachweisbare Reduktion der Intensität verschiedenster Symptome. Verschiedene Verhaltensweisen (zum Beispiel Hecheln, Lippenlecken oder Speichelproduktion) gehen durchaus bei der Gruppe der ängstlichen Hunde stärker zurück als bei der Kontrollgruppe. In Bezug auf den Blutcortisolgehalt wurde übrigens hier kein Effekt nachgewiesen; das Theanin muss also auf anderen Wegen diese Wirkung erzielen. Die genaueren biochemischen Zusammenhänge verschiedener, wenn auch auf den Menschen bezogener pflanzlicher Anwendungen besprechen Richard Brown und Patricia Gerbarg (2001). Im Gegensatz zu homöopathischen sind pflanzenmedizinische (phythomedizinische) Anwendungen jedoch auf chemische Mechanismen zurückführbar und daher einer wissenschaftlichen Analyse zugänglich.

Es muss jedoch nochmals darauf hingewiesen werden, dass vor dem Einsatz dieser Nahrungsergänzungsstoffe eine ausführliche Fallanalyse stattfinden muss und die Persönlichkeitsmerkmale sowie die speziellen Situationen, in denen der Hund Angst- oder Furchtverhalten zeigt, in die Bewertung mit einbezogen werden müssen. Auch wenn Nahrungsergänzungsstoffe im Gegensatz zu echten Psychopharmaka kaum unerwünschte Nebenwirkungen wie beispielsweise Abhängigkeiten, Gewöhnungsreaktionen etc. befürchten lassen, ist die einfache Lösung (Schnauze auf, Tryptophan rein, Schnauze zu, Hund glücklich) zweifellos auch nicht angemessen.

Eine andere, ebenfalls naturnahe bzw. naturidentische, einsetzbare Substanz ist das *Dog Appeasing Pheromone*, das DAP, das heute in der wissenschaftlichen Literatur meist als Appeasin bezeichnet wird (Näheres siehe Mills et al., 2012). Ursprünglich aus der Zitzenregion der Mutterhündin bekannt, weiss man mittlerweile, dass dieses Pheromon auch in den Gehörgangsdrüsen von erwachsenen Hunden, vor allem von solchen mit einem hohen Sozialstatus, beispielsweise in einer Mehrhundegruppe, produziert wird. Pheromone sind Botenstoffe, die auf natürliche Weise über den Wahrnehmungsapparat eines Artgenossen wirken und diesen dann durch direkte Einwirkungen auf das limbische System und andere emotionale Zentren in eine bestimmte Grundstimmung versetzen.

In unserem Fall wirkt das Appeasin also eher beruhigend und setzt dem Hund gewissermaßen eine rosa Brille auf. Die Anwendung, sei es über Pheromonhalsbänder, Steckdosenzerstäuber oder Spraydosen, ist jedoch ebenfalls manchmal mit paradoxen Wirkungen verknüpft. Verkürzt gesagt kann beispielsweise ein Hund, der sich bisher nicht getraut hatte, einen Furcht auslösenden Gegner anzugreifen, durch das Pheromon in eine etwas enthemmtere Grundstimmung versetzt werden und dann auch schon mal draufhauen. Ebenso kann, wenn der angstauslösende Reiz zusätzlich zum Pheromon präsentiert wird, eine ziemliche Verunsicherung beim Hund entstehen, da nun zwei verschiedene Sinnesorgane ihm unterschiedliche Meldungen verschaffen: Während das im Munddach liegende Jacobsonsche Organ die Pheromone wahrnimmt und damit eine »Alles wird gut!«-Botschaft sendet, nimmt der Hund über das Gehör und/oder das Auge nach wie vor den gruseligen, schrecklichen Reiz beispielsweise des Menschen, des unangenehmen Artgenossens oder einer anderen Umweltsituation wahr. Diese widersprüchlichen Meldungen im Gehirn über zwei verschiedene Sinnesorgane führen dann zu einer verstärkten Stressreaktion, und dadurch kann der Hund möglicherweise durch die Pheromonanwendung erst so richtig in die heftige Überreaktion hineingetrieben werden.

Auch gibt es Situationen, vor allem bei Hunden mit sehr ungünstiger Sozialisation, bei denen durch die Verstärkung der Serotoninkonzentration in den emotionalen Gehirnregionen eine verstärkte, dann bisweilen auch sehr heftig vorwärts orientierte Reaktion stattfinden kann. Die Wirkung des Serotonins als erregungsdämpfender Botenstoff kann nämlich nur dann funktionieren, wenn die »bremsenden« Verschaltungen aus der Großhirnrinde nach unten tatsächlich im Laufe der Jugendentwicklung angelegt wurden. Aus der Jugendpsychiatrie des Menschen und aus der Labortierforschung ist bekannt, dass beispielsweise eine von sehr stark aggressiver und druckvoller Deckelung und von ständiger Hilflosigkeit und Kontrollverlust gekennzeichnete Pubertät die Ausbildung dieser erregungsdämpfenden, serotoninabhängigen Regionen verhindert. In diesem Falle bleibt also das limbische System auf sich selbst gestellt, es ist sehr serotoninanfällig. Das Großhirn hat hier kaum ein Wörtchen mitzureden. Wird dann in diesem Falle eine Serotoninerhöhung verschafft, kann sie durchaus dazu führen, dass der Hund das unerwünschte Verhalten noch stärker zeigt als vorher. Ähnliches gilt auch für die im folgenden Absatz besprochenen Psychopharmaka.

28 Kleine, bunte Helfer gegen Angst?

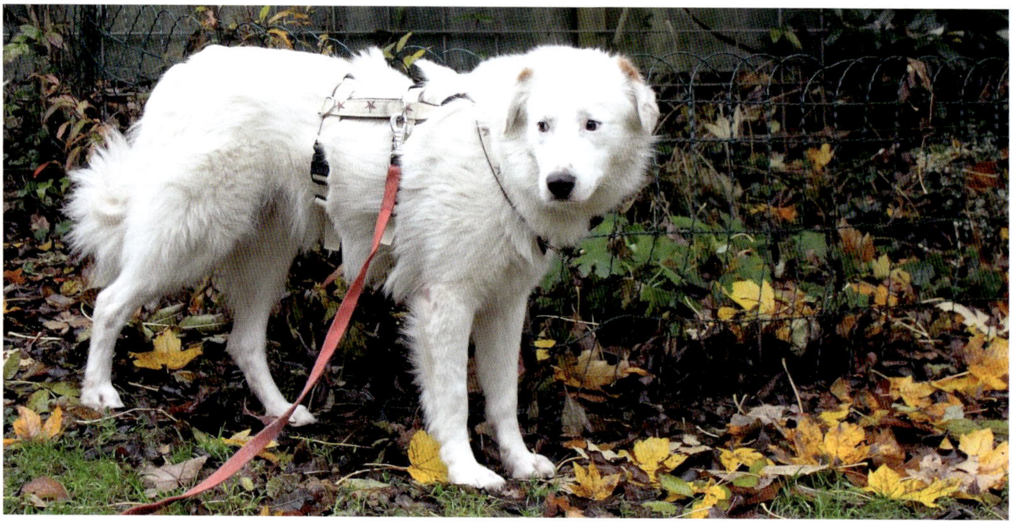

Bei bestimmten Problematiken mag der Einsatz von Medikamenten angezeigt sein, um überhaupt erst eine Basis schaffen zu können das Tier zu erreichen. Doch handelt es sich bei derartigen Medikamenten stets um Psychopharmaka, die weder leichtfertig geschweige denn ohne fundiertes Hintergrundwissen verabreicht werden dürfen. Leider ist es hierbei keine ausreichende Sicherheit, dass die Medikamente verschreibungspflichtig sind. Selbst der Einsatz von vermeintlich »harmlosen« Präparaten aus der Naturheilkunde sollte mit einer entsprechenden Fachperson abgestimmt werden und nicht zur Selbstmedikation verführen. Auch ist es gerade hierbei wichtig, das passende Medikament für den jeweiligen Hund mit seiner individuellen Problematik zu bestimmen. Grundsätzlich muss jeder Einsatz von Medikamenten von einer Verhaltenstherapie begleitet werden, die dem Hund andere Verhaltensmuster näherbringt und zu erlernen ermöglicht (siehe Egner in Gansloßer, 2023).

Fallbeispiel: Jasko

Jasko ist ein Australian Shepherd, zehn Jahre alt. Er stammt vom Züchter und ist seit dem Welpenalter bei uns. In seinem Wurf war er mit vier Geschwistern; die Aufzuchtbedingungen, die wir erlebten, waren so, wie sie sein sollten. Vater und Mutter waren bei der Welpenaufzucht dabei, auch Tanten und Onkel waren anwesend, die sich mit um die Kleinen kümmerten. Die Welpen lernten frühzeitig vieles kennen, andere Menschen, Autofahren, unterschiedliche Reize usw. Als Welpe steckte er seine Nase einmal in ein Erdwespennest und die stechenden Bewohner kamen in Heerscharen herausgeflogen und attackierten ihn. Ich, selber Allergikerin, verlor komplett die Nerven. Wir wurden beide ziemlich zerstochen und brauchten hinterher Behandlung. Seitdem sind Wespen, Schmeißfliegen, Bienen und alle weiteren Insekten, die in Masse auftreten oder laut brummen und summen, »der Feind«. Bislang hat sich das dahingehend geäußert, dass Jasko einfach die Flucht ergreift in solchen Begegnungssituationen – nur weg hier! Im Biergarten oder im Eiscafé sitzen und den Sommer genießen, das geht seitdem nur sehr bedingt. Er verfällt zwar nicht sofort in Panik, aber er will einfach nur raus aus der Situation.

Vor drei Jahren war ich mit Jasko, einer Freundin und deren Hund an der Nordsee im Urlaub. Am zweiten Tag wurde er auf dem Deich von diesen Deichfliegen »überfallen«. Er fand es überhaupt nicht lustig, aber ein Ausweichen auf einen anderen Weg ließ ihn recht schnell wieder fröhlich werden. Also habe ich mir nichts dabei gedacht. An diesem Abend, als wir in unser Ferienhaus gingen, bekam Jasko plötzlich eine Art »Anfall«. Erst lief er panisch mit großen Augen hin und her, dann legte er sich auf meine Füße und zitterte wie verrückt, teilweise bis zur totalen Verkrampfung. Er bewegte sich keinen Millimeter mehr von der Stelle, auch das letzte Rausgehen am späteren Abend hat er verweigert. Als ich aber überall das Licht ausgeschaltet hatte, konnte er sich wieder bewegen und kam mit ins Schlafzimmer. Ich war ratlos.

Nächster Morgen: Hundi ist fröhlich, tappelt herum, rennt mit seinem Kumpel um die Wette. Abends, nachdem wir auf der Terrasse gesessen hatten, wollte er nicht wieder ins Ferienhaus zurück. Er war durch nichts zu bewegen, auch nur eine Pfote da hineinzusetzen. Gemeinsam mit meiner Freundin suchte ich im ganzen Haus nach einer möglichen Ursache. Doch da war nichts, auch keine Fliege oder Ähnliches. Ratlosigkeit machte sich breit. Ich habe Jasko dann hineingetragen – und es begann wieder das gleiche Spiel wie am Vorabend, nur noch wesentlich schlimmer. Dann sah ich, dass Jasko immer an die Decke des Ferienhauses schielte – und plötzlich dämmerte mir etwas: Die Decke des Wohn-Esszimmers war aus weiß gestrichenem Holz und voll mit kleinen

Astlöchern, die im abendlichen Schummerlicht pechschwarz aussahen. Jasko dachte wohl, dass Millionen von Insekten nur darauf warteten, sich auf ihn stürzen zu können. Ich habe dann das Licht ausgeschaltet und blieb bei ihm, um ihm Schutz zu vermitteln.

Am nächsten Morgen rief ich meine Tierärztin und Freunde, die hundeerfahren und mit Jasko bestens vertraut waren, an. Einhelliger Tenor: Panikattacke! Nun wollte Jasko nicht einmal mehr bei Tag ins Ferienhaus. Alle drei rieten mir, den Urlaub abzubrechen. Alternativ war die Gabe von Alprazolam im Gespräch. Vorteil des Medikaments: keine paradoxe Reaktion, Lernfähigkeit und Trainierbarkeit bleiben erhalten. Ich habe überlegt heimzufahren, aber ich fragte mich auch, was das für Nachwirkungen haben könnte, also in der Panik weggefahren zu sein. Wie würde das empfunden werden und sich auswirken?

Oder wäre die »Flucht« wirklich eine sinnvolle Maßnahme? Was wäre in dieser Situation die richtige Entscheidung? Es war mein erster Urlaub seit acht Jahren und ich hatte mich monatelang darauf gefreut. Und auch Jasko hatte ja Freude und Spaß am Miteinander, wenn nicht gerade eine Panikattacke über ihn hereinbrach. Was also am sinnvollsten tun? Das angesprochene Medikament kannte ich bislang nur aus Erzählungen von befreundeten Hundehaltern und -trainern, die bereits damit gearbeitet haben.

Wir suchten einen Tierarzt auf und schilderten das Problem. Er wollte kein Alprazolam verschreiben, sondern empfahl alternativ Relaxan (welches vermutlich – wenn überhaupt – erst dann gewirkt hätte, wenn der Urlaub beendet und wir wieder zu Hause gewesen wären).

(Anmerkung der Autoren: *Dieses und vergleichbare Präparate enthalten die zur Serotoninbildung nötige Aminosäure Tryptophan.*)

Ich ließ den Ortstierarzt mit meiner Tierärztin sprechen, doch war er noch immer skeptisch. Er ermittelte den Cortisolwert von Jasko. Der war extrem hoch. Auch Jaskos Herzfrequenz war bedenklich. Daraufhin stellte der Tierarzt doch das Rezept aus. In der Apotheke dann das nächste »Erlebnis der besonderen Art«. Misstrauen schlug uns entgegen. »Alprazolam vom Tierarzt? Wissen Sie, wir kennen ja viele Strategien von Süchtigen, um an ihre Medikamente zu kommen, aber den Hund vorzuschieben!« Ein Telefonat mit dem Urlaubstierarzt und anschließend sogar noch mit meiner Haustierärztin folgten. Dann endlich wurden die Tabletten ausgehändigt. Fast glaube ich, ein Kilo Kokain zu beschaffen, wäre vermutlich einfacher gewesen, bei allem Respekt vor der Sorgfalt von Apothekern.

Jasko bekam die empfohlene Dosis des Medikaments – und umgehend war er wieder der fröhliche und alberne Hund. Wir haben dann den Urlaub mit seinem Kumpel, langen Wattwanderungen und allem Drum und Dran wirklich genießen können. Am vorletzten Tag begann ich das Medikament in kleinen Schritten auszuschleichen und bald schon war er wieder völlig medikamentenfrei. Mit dieser Erfahrung würde ich das jederzeit wieder so machen und den Einsatz von Medikamenten im Einzelfall abwägen.

Seither ist auch die generelle Phobie vor Insekten abgeschwächt und er ist im Umgang damit wesentlich cooler. Vermutlich hat er die Erfahrung gemacht und gelernt, dass da zwar etwas in der Luft ist, es ihm aber nichts anhaben kann.

(Anmerkung der Autoren: *Dieser Fall lässt eine Reihe von aufschlussreichen Beobachtungen zu. Zum einen die häufig beschriebene Beobachtung, die bei anderen Tierarten auch schon durch systematische wissenschaftliche Studien belegt wurde, nämlich das Feindbilder am Beispiel des Erziehungsberechtigten und erfahrenen Artgenossen gelernt werden. Wenn ein erfahrener, älterer Artgenosse beim Anblick irgendeines Tieres oder in einer ähnlichen Konfrontationssituation in Panik oder heftige negative emotionale Erregung verfällt, lernt das Jungtier diese Situation als potenziell gefährlich und speichert sie auch für den Rest seines Lebens ab. Solche Untersuchungen wurden von koloniebrütenden Vögeln, kolonielebenden Kleinsäugetieren und anderen gruppenlebenden Tieren bereits anhand von Warnrufen und ähnlichen, der Feindabwehr und Feinderkennung dienenden Verhaltensweisen systematisch belegt. Beim Hund werden sie immer wieder durch einschlägige Erfahrungen nahegelegt.*

Leittiere zeichnen sich übrigens durchaus auch dadurch aus, dass sie in Krisensituationen den geordneten und systematischen Rückzug antreten. Neuere Beobachtungen, beispielsweise von Bloch (2016), zeigen durchaus, dass Leittiere auch den Rückzug anführen und dadurch die Gruppe aus der Gefahrensituation bringen. Ein Rückzug war also in diesem Falle vonseiten der Halterin keine verfehlte Strategie. Problematisch war lediglich ihre Reaktion auf den Angriff der Erdwespen.

Das Verhalten des Hundes nach der ersten Begegnung mit den Deichfliegen ist durchaus aus den zeitlichen Abläufen des Cortisolsystems erklärlich. Cortisol hat auch in stressenden Situationen eine sehr langsame Anflutungszeit; der Spitzenwert des in der jeweiligen Situation produzierten Cortisols wird erst nach circa 20 Minuten erreicht. Die Abbaugeschwindigkeit ist noch wesentlich langsamer; man geht von einer Halbwertzeit von circa 1,5 Tagen aus. Das bedeutet, dass nach 1,5 Tagen noch 50 Prozent, nach drei Tagen noch 25 Prozent und nach 4,5 Tagen noch immer circa zwölf Prozent des ursprünglich produzierten Extracortisols im Blut vorhanden sind. Das erklärt oft auch die verzögerten, für den Halter völlig unerwarteten plötzlichen Angst- oder Abwehraggressionshandlungen.

Zudem ist bei vielen Hunden die Tageskurve des Cortisols unterschiedlich zu bewerten. Während wir Menschen in der Regel eine klare, zweigipfelige Tageskurve des Cortisolspiegels aufweisen, sind die Werte bei Hunden sehr viel unterschiedlicher. Möglicherweise war Jasko durch seine vorherige Cortisoltagesperiodik in den Abendstunden nochmals besonders anfällig für die genannten Reaktionen.

Das in diesem Falle verwendete Medikament ist tatsächlich, allerdings unter veterinärmedizinischer Kontrolle, für derartige Situationen geeignet. Es unterbricht nämlich nachweislich auch die Gedächtnisfixierung der unangenehmen Erlebnisse, die im allgemeinen Teil des Buches noch ausführlicher beschrieben ist. Wegen des Eingriffs in diese chemisch und elektrisch ablaufende Langzeitpotenzierung ist das genannte Medikament tatsächlich bei schneller Anwendung nach einschlägigen Schreckerlebnissen (auch zum Beispiel bei heftigem Knalltraumata etc.) regelmäßig erfolgreich angewendet worden.)

29 Wissenswertes zu Serotonin

Die meisten Medikamente verändern die Anwesenheit und Konzentration von Serotonin im synaptischen Spalt, also in den Verknüpfungsstellen zwischen den Nervenzellen. Die selektiven Serotoninwiederaufnahmehemmer spielen dabei sowohl bei der Behandlung von Depressionen als auch bei der Behandlung von Angststörungen eine Rolle. Untersuchungen auch am Menschen zeigen, dass nicht nur die Anwesenheit des Serotonins, sondern vor allem auch die Konzentration von Bindungsstellen für das Serotonin eine Voraussetzung zur Verringerung von Angstanfälligkeiten ist. Nur wer genug Serotoninrezeptoren hat, kann einigermaßen satt, gelassen und ausgeglichen sein.

Jedoch kann auch ein ungewöhnlich hoher Serotoninspiegel zu Angststörungen führen. Dieser scheinbare Widerspruch kommt möglicherweise daher, dass die Serotoninrezeptoren sich mit der Zeit an eine erhöhte Serotoninkonzentration anpassen, was zu einer Herunterregelung der Rezeptortypen für Serotonin führt. Dadurch wird der elektrische Impulsfluss über die Nervenzellen übermäßig gesteigert. Kurz gesagt, wir müssen berücksichtigen, dass es zwei in ihrer Wirkung entgegengesetzte Typen von Serotoninrezeptorfamilien gibt: Eine wirkt offensichtlich hemmend, die andere eher fördernd. Medikamente, die die eine Rezeptorfamilie unterstützen, können ebenso eine angstlösende Wirkung haben wie solche, die die andere Rezeptorfamilie hemmen oder dämpfen. Beachtet werden muss auch, dass die Medikamente meist erst nach einigen Wochen ihre Wirkung entfalten, da sie offensichtlich die Rezeptoren verändern müssen, bevor die Wirkung eintritt.

Neben den Wirkstoffen, die die Serotoninwiederaufnahme senken, gibt es eine zweite Gruppe, die die Zerlegung des Serotonins im Zellspalt verhindert. Medikamentös wird auch der Noradrenalinspiegel im Gehirn eines angst- und panikgesteuerten Patienten künstlich erhöht, hierfür sind bisweilen sogar schon gewisse Nahrungsveränderungen möglich. Ganz entscheidend ist jedoch neben der bereits wiederholt betonten Notwendigkeit, in fachlich sehr kompetenter Weise diese Medikamente individuell angepasst einzusetzen, dass zwei allgemeine Vorsichtsmaßnahmen dabei immer berücksichtigt werden:
Zum einen muss der Hund, und zwar buchstäblich, vor dem Einsatz von Psychopharmaka, gründlichst auf Herz, Leber, Niere und andere innere Organfunktionen untersucht werden. Viele dieser Medikamente haben nämlich auch einen Einfluss auf die Organfunktionen im Allgemeinen, beispielsweise über die Leber, und dürfen daher bei nicht vollständig organisch gesunden Hunden nicht oder nur in angepasster Dosis eingesetzt werden.

Zum anderen müssen Psychopharmaka immer langsam ein- und dann wieder ausgeschlichen werden. Ein plötzlicher Abbruch der Behandlung ohne das vorangehende Ausschleichen durch Dosisreduzierung führt mindestens dazu, dass dieses Medikament zukünftig beim Hund nicht mehr wirkt. Im schlimmsten Falle können auch heftigste Verhaltensreaktionen im Sinne von unerwünschten Entzugserscheinungen dazukommen. Leider gibt es nur wenige einschlägige Fachleute, die mit dieser Problematik wirklich vertraut sind. Auch gibt es selbst für Tiermediziner im deutschen Sprachraum dazu keine wirklich gute, einführende Literatur. All das macht die Suche nach jemandem, der sich auf diesem Gebiet wirklich gut auskennt, zu einem äußerst schwierigen Unterfangen. Dem rat- und hilfesuchenden Hundehalter kann nur hoffend gewünscht werden, dass er bei dieser sehr verantwortungsvollen Aufgabe möglichst auch auf die Beratung und Unterstützung des behandelnden Haustierarztes und, so vorhanden, Hundetrainers zählen kann.

30 Sanfte Therapie für verwundete Seelen

Nicht nur im humanpsychologischen Bereich, sondern auch in der Veterinärmedizin wird immer mehr und immer umfassender rund um Therapieformen geforscht, die den Einsatz von Chemie begleiten, reduzieren bis ersetzen. Ein relativ neues, aber beachtenswertes Forschungsgebiet ist dabei auch die Psychoakustik, die sich mit dem Empfinden von Schall beschäftigt. Hierbei sind vor allem die Auswirkungen auf die emotionale Ebene und die Beeinflussung der Gehirntatigkeit von besonderem Interesse.

Vor einigen Jahrzehnten konnten Besucher in Rinderställen oft erleben, dass dort leise Musik spielte oder Radiosender eingestellt waren. Das waren die Folgen von veröffentlichten Studien in Nutztierhalterkreisen, welche die positiven Auswirkungen von auditiven Stimuli beschrieben. Leider wurde die Musik von Bauern als permanente Berieselung eingesetzt, die vermutlich nicht in vollem Umfang den gewünschten Effekt haben konnte, da Intervalle, Musikauswahl und Ortungsmöglichkeit außer Acht gelassen wurden. Wells, Graham und Hepper untersuchten 2002 den Einfluss von akustischen Stimuli auf das Verhalten von Hunden (hier Tierheimhunde). 2004 erarbeiteten sie eine Untersuchung zu geruchlichen Einflüssen und setzten sich mit Aromatherapien auseinander. Ihre Ergebnisse sind bemerkens- und beachtenswert. »Es ist unzweifelhaft erwiesen, dass Musik unsere Stimmung beeinflussen kann. Klassische Musik zum Beispiel kann dabei helfen, den Stresslevel zu senken, wohingegen Grunge-Musik Feindseligkeit, Traurigkeit, Anspannung und Erschöpfung fördern kann.« (Leeds/Wagner, 2009, S. 18)

Und dass die Wahrnehmung von Mensch und Hund sowie die mögliche Wirkung auf die Psyche vergleichbar sind, legen die bislang veröffentlichten Studien und Erfahrungsberichte nah. Die Veterinärneurologin Susan Wagner und der Psychoakustiker Joshua Leeds haben in Zusammenarbeit u.a. mit der Konzertpianistin Lisa Spector klassische Musikstücke minimiert und umarrangiert und die Erfahrung gemacht, dass diese psychoakustisch bearbeitete klassische Musik effektiver in Bezug auf Beruhigung und Schlafförderung wirkte und hundliches Angstverhalten um die Hälfte reduzierte. (Leeds/Wagner, 2009, S. 22)

Leeds und Wagner führten von 2004 bis 2005 zwei Pilotstudien durch, einmal mit Hunden im Zwinger beziehungsweise im häuslichen Umfeld, einmal mit Angsthunden. Deren Ergebnisse fassten sie wie folgt zusammen: »Je nach Instrumentierung und Tempo der klassischen Musik können sich deutliche Unterschiede in den Ergebnissen zeigen. Soloinstrumente, langsame Tempi und einfache Arrangements hatten einen größeren Entspannungseffekt als schnellere Stücke mit komplexeren Harmonien und orchestraler Zusammensetzung. [...] Die Ergebnisse zeigten, dass 70 Prozent des jeweiligen Angstverhaltens durch den Einsatz von psychoakustisch arrangierter Musik gemindert wurden, wohingegen 36 Prozent des Angstverhaltens durch den Einsatz der nicht psychoakustisch bearbeiteten Kontroll-CD reduziert wurden.« (Leeds/Wagner, 2009, S. 85-86). Die vollständige BARD-Hunde-Studie befindet sich unter www.ThroughADogsEar.com

Aber es ist nicht unbedingt die spezielle »Kyno-Musik« nötig, um Hunde zu entspannen. Eine ganze Reihe unterschiedlicher Musikarten, beispielsweise Barockmusik, leichte Klassik, aber auch Reggae sind geeignet, um Hunde zu entspannen. Die einschlägigen Untersuchungen wurden überwiegend an Tierheimhunden durchgeführt, um einen Einfluss des unmittelbaren Wohnumfeldes möglichst gering zu halten. In einigen Studien wurde sogar die Absenkung des Cortisolspiegels im Blut durch die Musikanwendung belegt. Gianna Jann (2018) hat die einschlägigen Befunde hierzu zusammengetragen. Auch Hörbücher, nicht aber Gesprächssendungen im Radio, sind zur Entschleunigung von Hunden geeignet. Es wird empfohlen, eine variable Titelliste mit Zufallsgenerator zu nutzen, um Gewöhnungseffekte möglichst gering zu halten.

In einer anderen Untersuchung zeigte sich übrigens auch, dass vom Tonband vorgespieltes Spielbellen anderer Hunde durchaus geeignet war, bei Tierheimhunden eine erhebliche Erregungsdämpfung und eine Senkung der allgemeinen Aktivität und Hektik zu bewirken. Hier seien nochmals einige Studien erwähnt, wonach vom Tonband vorgespieltes spielerisches Bellen oder Jaulen eines Hundes ebenso wie vorgeführte Lach- oder Weinsequenzen eines unbekannten Menschen zu den gleichen emotionalen Reaktionen im Gehirn des Hundes führen konnten.

Hunde erfassen die emotionale Gestimmtheit ihres Gegenübers, egal ob Mensch oder Artgenosse.

»Sanfte« Therapiemaßnahmen, die erlernt/ durch Fachleute vermittelt werden können

- **Spezielle Massage- und Berührungstechniken.** Ziel ist es, die Durchblutung des Körpers zu verbessern und Spannungen (physische wie psychische) abzubauen. In Untersuchungen an Hunden, die beispielsweise nach der Blutabnahme durch den betreuenden Tierheimtierarzt zehn beziehungsweise 20 Minuten intensiv massiert wurden, ließ sich eine deutliche Absenkung beziehungsweise ein völliges Ausbleiben der sonst mit der Blutabnahme verknüpften Cortisolanflutung nachweisen. Eine Massage von zehn Minuten Dauer führte zu etwa der Hälfte der Ausschüttung des Cortisols gegenüber unmassierten Hunden; eine Massage von 20 Minuten (wir erinnern uns an die langsame Anflutungszeit des Cortisols) verhinderte oftmals die injektionsbedingte Cortisolausschüttung total. Durch die Massage werden nachweislich die Konzentrationen von sozial- und erregungsbeeinflussenden Botenstoffen, etwa des als Sozialhormon bezeichneten Oxytocins, der hirneigenen Opiate gleich Endorphine, die auch bei anderen Wohlfühlwirkungen aktiv sind, und die Aussendung des als Elternhormon bezeichneten Prolaktins gesteigert. Demgegenüber senken sich merklich die Pulsfrequenz, der Blutdruck und eben, wie erwähnt, die Ausschüttung des Cortisols. Manche geschäftstüchtigen Anbieter verkaufen diese Massagen für fünfstellige Beträge als Spezialausbildung. Wer aber seinen Hund gut beobachtet, wird selbst feststellen, an welcher Stelle dieser gerne massiert werden möchte und dann im Laufe der Zeit völlig tiefenentspannt, ruhig und gleichmäßig atmend mit regelrechtem Schlafzimmerblick genießerisch sein Wohlbefinden kundtut (siehe auch Chaúdhary, 2021).

- **Bodenarbeit.** Es handelt sich um langsame, bewusst ausgeführte Übungen an der Leine, teilweise unter Zuhilfenahme von Stangen, Pylonen und verschiedenen Bodenbeschaffenheiten. Ziel ist es, körperliche Koordination und Gleichgewichtsgefühl zu verbessern.

- **Sonstige physiotherapeutische Therapiemaßnahmen.**

- **Körperbandagen.** Die gezielte Wicklung von breiten Stoffbandagen kann – korrekt angewendet – eine beruhigende und stabilisierende Wirkung auf die Hundepsyche haben.

- **Einsatz eines eng anliegenden Shirts für Hunde,** welches auf Brust und Mittelkörper sanften Druck ausübt. Es soll laut Herstellerangabe auf 80 Prozent der Hunde beruhigend wirken. Ein sehr enges Baby-T-Shirt ist aber wesentlich billiger und hat die gleiche Wirkung wie das teure Spezialprodukt. Die Wirkung der sogenannten »Pressure-Weste«, also eines sehr engen, die Druckpunkte der Haut stimulierenden Kleidungsstücks, hat auch die Übersicht von Riemer (2020) als wirkungsvoll belegt.

- **Klang und Musik.** Die Auswirkung (beruhigend oder belebend, erregend oder aufregend) von Schall auf Tiere ist durch diverse Studien (zum Beispiel Wells, Wagner, Gamble) und durch praktische Versuche in Tierheimen bestätigt.

- **Kräuter- und Aromatherapie**

- **Reiki**

- **Ernährung**

Abzulehnen ist übrigens die leider bis heute noch verbreitete Methode der Reizüberflutung, das sogenannte ***Flooding***. Madita Borgman (2021) hat hierzu nicht nur Literaturbefunde zusammengetragen, sondern auch eine Umfragestudie bei Hundehalter/innen durchgeführt. Hunde werden durch diese Methode regelmäßig überfordert (was übrigens nach Ansicht der tierärztlichen Vereinigung für Tierschutz auch bereits ein Verstoß gegen das Tierschutzgesetz ist). Sie reagieren häufig mit einer gesteigerten Panikreaktion und es wird keineswegs ein erwünschter therapeutischer Erfolg erzielt. Nochmals hinweisen möchten wir auch auf die bereits zitierten neurobiologischen Zusammenhänge, wie sie Karen Overall deutlich gemacht hat. Langsame, schrittweise Desensibilisierung kann, wie bereits dargelegt, im Falle von Furcht oder phobischen Reaktionen helfen. Bei Angst oder Panik ist sie ohnehin ungeeignet, weil ja definitionsgemäß Angst eben nicht auf eine konkrete und damit auch nicht desensibilisierbare Situation zurückgeführt werden kann.

Fallbeispiel: Lion

Lion kam als circa dreijähriger, kastrierter Rüde aus einem rumänischen Tierheim nach Deutschland, seine Vorgeschichte ist unbekannt. Bei seiner Ankunft wog er 17 Kilo bei 57 Zentimetern Schulterhöhe, war also abgemagert und muskelatrophiert. Der erschöpfte und verstörte Hund wollte mit Menschen nichts zu tun haben, ließ sich nicht anfassen. Mit Hunden zeigte er sich sehr verträglich, wenngleich ängstlich. Im Haus ging er zunächst buchstäblich die Wände hoch und versuchte durchs Fenster zu entkommen, was vermuten lässt, dass er noch nie im Haus gehalten wurde.

Damit er zur Ruhe kommen und sein Gesundheitszustand eingeschätzt werden konnte, verbrachte er zunächst Zeit in einem abgetrennten Bereich des Hauses. Durch die Etablierung von Routinen und die Schaffung vorhersagbarer Abläufe wurde ihm ein sicherer Rahmen geboten innerhalb dessen er sich recht schnell eingewöhnte. So konnte er im Verlaufe einer Woche bereits berührt und leicht massiert werden. In aller Ruhe gelang auch die Gewöhnung an Halsband und Brustgeschirr. Sein schlechter Gesundheitszustand erforderte tierärztliche Behandlungen; rundherum gesund war er circa vier Monate nach seiner Ankunft.

Die ersten, mehrfach durch Halsband, Brustgeschirr und Fünf-Meter-Leine abgesicherten Gänge in den Garten waren recht stressig, da Lion sofort aktiv Fluchtwege suchte. Mein Zaun ist auf sehr große – und ich meine richtig große! – Hunde ausgerichtet, deshalb erforderte Lion eine sorgfältige Überarbeitung von diversen, durchschlupfgefährdeten Stellen.

So waren die ersten Gänge relativ kurz und wurden beendet, nachdem der Hund Momente von Entspannung und Explorationsverhalten zeigte.

Er wurde dann in die bekannte und »sichere« Umgebung seines Zimmers zurückgebracht. So war relativ schnell eine positive Erwartungshaltung mit dem Rausgehen verknüpft und Lion konnte tun, was Hunde draußen so tun: schnüffeln, wahrnehmen, sich lösen und einfach Hund sein.

Um uns beiden keinen Druck zu bereiten, brauchte es hier und da ein wenig Umdenken meinerseits und die Akzeptanz dessen, dass ein solcher Hund sein Leben bisher selbst geregelt hatte, und dies offenbar erfolgreich, denn sonst hätte er es nicht bis hierher geschafft. So habe ich ihm, insbesondere am Anfang, viele Eigenheiten gerne zugestanden, die wir im Laufe der Zeit ein wenig »geglättet« haben.

Einen Sinn für Spiel, Spielzeug, Toben, Rennen, »Hund sein« beziehungsweise das, was wir darunter verstehen, hatte er nicht. Spaziergänge außerhalb des Gartens überforderten ihn total; so wurden sie erst mal als nicht förderlich hinten angestellt. Der Vertrauensaufbau zu uns, das Stillen der Grundbedürfnisse in Form von Existenzsicherung, Schutz, die Vorhersagbarkeit von Abläufen und das Gewinnen von Sicherheit in Haus und Garten, hatten in den ersten Monaten Priorität und waren die Basis für alles Weitere. Insbesondere in dieser Phase lag mein Fokus auf einem ausbalancierten Wechselspiel von Entspannung und angemessener Anregung.

Man kann sagen, dass er nach rund einem Jahr des kleinschrittigen Heranführens an ein »normales« westeuropäisches Hundeleben, an Angstauslösendes oder auch Neues, komplett angekommen war. Aufgrund seines ausgesprochen coolen Charakters, seiner Ruhe und freundlichen Art, leistet er mir heute sehr gute Unterstützung in meiner Hundeschule und ist der Liebling nicht nur meiner Kunden. Er zeigt sich als sehr ausgeglichener, sensibler, höchst sozialkompetenter Hund, der mich gerne überall hin begleitet, die Menschen lächeln lässt und die Hunde ruhig(er) macht. Er läuft fast immer frei und zeigt eine ausgesprochen stabile Bindung; wir verstehen und begleiten einander ohne viele Worte. Neulich hat er mich das erste Mal auf ein Trainerseminar mit vielen Menschen und Hunden begleitet – wieder eine Prüfung, die er mit Bravour gemeistert und die unser Band weiter gefestigt hat.

Im Haus ist er ein »ganz normaler« Hund, der Besuch freundlich begrüßt, Streicheleinheiten sucht und sich pudelwohl fühlt. Wir alle – Menschen wie Hunde des Hauses – genießen ihn. Draußen ist er zurückhaltend, möchte weder von Mensch noch Hund bedrängt werden, ist aber jederzeit freundlich, kann seine Bedürfnisse stressfrei kommunizieren und weicht im Zweifelsfall aus. Distanzlose, sehr dynamische Hunde oder gar zu frontal-freundliche Menschen bereiten ihm mitunter noch Sorgen. Letztlich sucht er Schutz bei mir, den ich ihm selbstverständlich, wann immer er ihn braucht, gerne gewähre, damit er sich weiter so überaus positiv entwickeln kann.

(Anmerkung der Autoren: *Lion kann uns mehrere allgemeine Phänomene veranschaulichen. Zum einen die überragende Bedeutung von sicherer*

und mit der Zeit bekannter Umgebung für die psychische Stabilisierung eines derart verunsicherten Hundes. Das in der Tierschutzforschung weit verbreitete **SCAN**-Konzept fordert als erste und wichtigste Voraussetzung für eine tierschutzgerechte Haltung eines Tieres **S**icherheit. Sicherheit bezieht sich hier sowohl auf die Planungssicherheit im Umweltbereich, bekannte Strukturen, bekannte Tagesabläufe, und eben auch die Sicherheit gebende Anwesenheit der Bezugsperson als sicheren Hafen.

Die weiteren folgenden Schritte wären dann die Komplexität (**C**omplexity, das C) der Umwelt, mit der man auch Aufgaben lösen kann, die Erarbeitung von eigenständigen Erfolgserlebnissen (**A**chievement, daher das A) und ein gerütteltes Maß an **N**euigkeiten, um Langeweile vorzubeugen.
Lion war offensichtlich durch seine Vorgeschichte ein ausgesprochener Energiesparer. Dass Toben und andere ausgelassene Beschäftigungen für ihn nicht unbedingt die oberste Priorität hatten, ist ebenfalls aus seiner individuellen Anpassungsgeschichte erklärlich. Hunde oder auch andere Tiere aus schwierigen, gefährlichen oder anderweitig unplanbaren Umfeldern tendieren dazu, nicht viel Energie und nicht viel Zeit im Spiel oder in anderen »unnützen« Beschäftigungen zu verbrennen.

Stattdessen wird alles, was man an Nährstoffen, Zeit und auch Fähigkeiten zum Erfahrungsgewinn besitzt, in möglichst unmittelbar lebenserhaltende und lebensverbessernde Tätigkeiten gesteckt. Diese Befunde sind bei vielen Tierarten in freier Natur bestätigt worden. Bemerkenswert ist in diesem Zusammenhang übrigens, dass verwilderte Haushunde, sogenannte Straßenhunde, in vielen Gegenden der Erde auch dort noch sehr viel Spielverhalten zeigen, wo sie mit den genannten ungünstigen Lebensbedingungen konfrontiert werden. Dies zeigt auch die Bedeutung sozialen Spiels für das hundliche Verhalten.

Letztlich kann Lion auch die Elemente des Bindungskonzepts nochmals beispielhaft darstellen. Die sichere Basis, also die beruhigende und aktivitätsfördernde Anwesenheit der Halterin, der sichere Hafen als Rückzugsort bei Krisensituationen, ist für ihn offensichtlich von sehr großer Bedeutung gewesen. Diese beiden Elemente des Bindungskonzeptes sind im Laufe des Zusammenwachsens zwischen Hund und Halterin eindeutig gefördert worden. Nur deshalb kann er dann auch die Situationen in Seminaren, Trainingsstunden etc. gut verkraften.)

Fallbeispiel: Lobo

Lobo kam 2015 als circa fünfjähriger Rüde aus Rumänien. In »seinem« öffentlichen Tierasyl werden Hunde nicht getötet, vielmehr ist es Teil des »Straßenhund-Management-Programms«, darauf zu warten, dass sie erfrieren, verhungern oder sich gegenseitig fressen.

Seine Vorgeschichte ist gänzlich unbekannt. Bei den Vorbereitungen zum Transport zeigte er sich aggressiv und konnte nur unter Zwanganwendung gehändelt werden. Laut Aussage der Tierschutzorganisation wurde er als »sehr ängstlich und aggressiv, mit Hunden kein Problem, mit Menschen große Probleme« angekündigt.

(Anmerkung der Autoren: *Auch Lobo zeigt die typischen Eigenschaften, die in den Auswertungen unserer Fallberichte beispielsweise in der Studie von Britta Strüwe bereits angesprochen wurden: Hunde aus solchen Verhältnissen sind in der Regel zurückhaltende B-Typen, die auch in unbekannten Situationen eher mit Abwarten, Beobachten und bisweilen eben auch mit völligem Erstarren reagieren. Ebenso hat die genannte Untersuchung den oftmals gefundenen Satz relativiert, diese Hunde wären mit anderen Hunden sehr gut verträglich. Viele dieser Auslandshunde sind auch mit anderen Hunden extrem problematisch; sie lehnen Hundekontakt – vor allem mit fremden Hunden – ab oder reagieren sogar aggressiv. Von einer allgemeinen Verträglichkeit gegenüber Hunden kann sehr häufig nicht gesprochen werden.*

Lobos Verhalten dem Menschen gegenüber ist wahrscheinlich durch eine mangelnde Artgenossenprägung auf das Vorbild Mensch erklärlich. Gerade Hunde aus ost- und südosteuropäischen Regionen haben normalerweise in der sensiblen Phase, also der fünften bis zwölften Lebenswoche, wenig oder gar keinen positiven Menschenkontakt. Was aber in dieser Zeit nicht als positiv oder wenigstens harmlos kennengelernt wird, tendiert eben hinterher dazu, Angst und Panik auszulösen. Dies zeigte sich im Folgenden auch durch die starke Kontaktverweigerung, die der Hund in den ersten Wochen der Halterin gegenüber gezeigt hat.)

Nach Ankunft in Deutschland erschien Lobo erschöpft, traumatisiert, ruhig, verschlossen, passiv, gehemmt. Er bekam ein eigenes Zimmer in einem ruhigen Bereich des Hauses, in diesem eine Box als Rückzugsort, und wurde erst einmal ganz in Ruhe gelassen. Diese Box hat er die ersten sieben Tagen nur zum Lösen verlassen, was auf Krankenunterlagen im Zimmer geschah. Ziel dieser Ruhephase war, dass er »runterkommen« und den akuten Stress des gerade Erlebten verarbeiten konnte. Er sollte in Ruhe schlafen, fressen, trinken, verstoffwechseln, Erlebnisse verarbeiten, beginnen sich wieder zu spüren.
Lobo ist in relativ gutem Zustand und scheint gesund zu sein. Da ein Tierarztbesuch derzeit nur unter Sedation möglich gewesen wäre und ihm weiterer Stress zunächst erspart werden sollte, wurde das Projekt Tierarzt verschoben.

Tierschutzhunde, die zu uns neu in die Familie kommen, gehen zunächst weder nach draußen – wenn doch, dann nur in den großen Garten – noch lernen sie in persona meine Hunde oder sonst jemanden kennen (u.a. aus Quarantänegründen). Üblicherweise stellt sich diese Frage auch nicht, denn zu all dem sind sie erst mal gar nicht in der Verfassung. Und wer überfordert wird, neigt zu Überreaktionen, die ich gar nicht erst provozieren möchte, um weiteren schlimmen Erfahrungen im neuen Leben vorzubeugen. Es muss quasi eine Art »Entgiftung« stattfinden. Diese dauert meist ein paar Tage, kann aber je nach gesundheitlichem beziehungsweise mentalem Zustand auch zwei oder drei Wochen andauern.

Nach circa drei Wochen Beobachtung kann Lobo vom Verhalten getrost als wild/verwildert beschrieben werden. Er lässt sich nicht anfassen, versucht bei Annäherung zu fliehen und würde beißen, wenn man ihm zu nahekommt. Der Anblick von Menschen versetzt ihn in höchste Alarmbereitschaft, Atemfrequenz und Herzrate sind besorgniserregend erhöht (normal im Ruhezustand sind bei seiner Größe circa 20 Atemzüge pro Minute, bei Lobo waren es bis zu 100). Sein Schlaf war nie so tief, dass ihn Bewegung und Annäherung nicht alarmiert hätten. So kann sein Stress als chronisch bezeichnet werden, was nachhaltige Risiken für seine Gesundheit bedeutet. Mit den anderen Hunden im Haushalt hat er kein Problem, nimmt allerdings auch keinen Kontakt auf. Diese wiederum begegnen ihm ruhig und eher desinteressiert.

(Anmerkung der Autoren: *Hier sehen wir einmal mehr die Wirkung eines permanent erhöhten Glucocorticoid-, also vorwiegend Cortisolspiegels. Die Fähigkeit zum ruhigen, dann auch entspannenden Tiefschlaf wird durch die Stresshormone, auch und gerade das Cortisol verhindert. Ökologisch ist dies auch sinnvoll, wenn man in einer potenziell gefährlichen Umgebung schläft, sollte man möglichst auf viele Umweltgeräusche schnell reagieren können. Ein leichter, jederzeit zu unterbrechender Schlaf kann hier auch lebensrettend sein. Die Anwesenheit von Sozialpartnern in der Gruppe lässt Hunde übrigens besser und tiefer schlafen. Da Lobo jedoch in seinen ersten Lebenswochen diese positiven Erfahrungen offenbar nicht machen konnte, war für ihn jede einzelne Schlafphase eine potenziell lebensbedrohliche Situation.*

Fehlende Tiefschlafphasen und die auch in der Nacht noch hohen Cortisolwerte sind es übrigens auch, die sowohl die Lernschwierigkeiten solcher dauerhaft gestressten Hunde und anderer Tiere bewirken als auch eine wesentliche Schwächung des Immunsystems bedingen, das sich normalerweise nur in Tiefschlafphasen richtig erholen kann. Ein erholsamer Tiefschlaf dient nicht nur zum »Entrümpeln« des Arbeitsgedächtnisses. Auch physiologisch-chemisch wird im Tiefschlaf »Müll« entsorgt. Zudem fördert er die Fixierung von vorher zwischengespeicherten Inhalten ins Langzeitgedächtnis. Notwendig dafür ist ein gut funktionierender Hippocampus, den wir ja bereits als Schaltstelle kennen (siehe Gansloßer, 2023). Übrigens: Wenn Hunde im Schlafzimmer ihrer Menschen dabei sein dürfen, schlafen sie ruhiger und haben geringeres ADHS-Risiko (Hielscher & Hoppe, 2018).)

Als er nach dieser Zeitspanne begann, mehr Interesse an seiner Umgebung zu zeigen (das war zunächst kaum erkennbar, da er sofort in sich zusammenfiel, wenn man sein Sichtfeld betrat), wurde langsam begonnen mit ihm zu arbeiten. Es gab zum Beispiel Vorlesezeiten, Zeiten mit Entspannungsmusik, Namenskonditionierung (auf Name folgt Leckerli), Zeiten von gemeinsamer Meditation – was zunächst so aussah, dass ich meditierte, während Lobo zwei Meter entfernt angestrengt hechelte und sich ins Kissen drückte. Bisher war Lobo zu sehr in sich gefangen, als dass er seine Persönlichkeit offenbart hätte. Etwas anders sah es aus, wenn nachts Ruhe ins Haus einkehrte: Dann war er ausgesprochen aktiv, untersuchte sein Zimmer und begann sogar, auf einem Baumwollknoten herumzubeißen. Er hat gegähnt, sich gereckt und gestreckt, war gut gelaunt, zeitweise fast ausgelassen. Das war toll von meinem Bett aus zu beobachten, wenn auch nicht eben förderlich für einen normalen Tag-/Nachtrhythmus. Ihn so zu sehen, ließ mich vermuten, dass er eventuell doch jünger sein könnte als fünf Jahre.

Nach sechs Wochen Einschätzungszeit habe ich mit ihm zu Hause ein dreitägiges Intensivprogramm absolviert. Ziel war, ihn weiter zu entstressen, seine Starre ein wenig zu lösen, mehr über ihn zu lernen und weitere sinnvolle Trainingsansätze zu entwickeln. Während der drei Tage hat er Diätkost bekommen, um den Körper zu entgiften.

Während der Übungen wurden seine Wärme-/Kältewahrnehmung angesprochen, neue Objekte, Hör- und Geschmackserlebnisse angeboten und seine Reaktion darauf beobachtet und analysiert. Sein Problemlöseverhalten wurde angeregt und wir haben Entspannungsübungen praktiziert. Ein »Vorbild-Hund« wurde hinzugezogen und Lobo konnte beobachten, wie dieser mit mir ruhig interagierte und Streicheleinheiten genießen durfte. Wir haben mit Clickertraining begonnen. Aus all den verschiedenen Übungen konnten Schlüsse über seine Persönlichkeit gezogen und der Aufbau des weiteren Trainings bedacht werden.

(Anmerkung der Autoren: *Hier ist vor allem Clickerarbeit im Sinne des freien Formens empfohlen, weil dieses die eigenständige Denkleistung des Hundes fordert und fördert. Auf eine mögliche Suchtgefahr wurde jedoch bereits hingewiesen (Mehl, 2023).)*

So hat sich Lobo als interessiert an neuen Objekten gezeigt, solange sie sich nicht in der Hand eines Menschen befanden. Seine Reaktionsschwelle bis zum Rückzug beziehungsweise Knurren konnte während der drei und den darauf folgenden Tagen deutlich gesenkt werden. Körperhaltung und Gesichtsausdruck entspannten sich. Ebenso hat sich seine Atemfrequenz verringert, ist aber noch nicht im normalen Bereich. Seine Schlafqualität ist besser, ebenso hat sich sein Tag-/Nachtrhythmus fast normalisiert. Nachts hat er tiefe nonREM- und REM-Phasen, in denen er seine Umgebung nicht mehr wahrnimmt. Morgens steht er entspannt statt in angespannter Erwartungshaltung auf. Er seufzt während Ruhephasen sowie im Schlaf und hat begonnen zu träumen. Er zeigt seitdem mehr Interesse an seiner Umwelt und ist aktiver geworden. Lobos Geschichte berührt bislang jeden, der an ihr teilhat.

(Anmerkung der Autoren: *So war der Stand Ende März 2016, als das erste Angstbuchmanuskript fertiggestellt wurde. Mit der erweiterten und aktualisierten Fassung besteht nun die Möglichkeit, den spannenden Lebensweg von Lobo weiter zu verfolgen, was wir gerne tun! Nicht nur, weil Lobo ein wunderbares Happy End erfahren durfte, sondern auch, weil gerade seine Geschichte so viele Aspekte im Umgang und im täglichen Leben mit einem »Hasenfuß« verdeutlicht. Ruhe, Geduld und Zeit sind so wichtige Faktoren, aber auch der Umstand, dass es eben Wesenszüge, Reaktionsmuster sowie Handlungsvorlieben und -abneigungen gibt, die einfach (aber was ist schon einfach?) »nur« hingenommen werden sollten. Nicht alles, jede, jedes, jeder kann, soll, darf verbogen werden!)*

Doch wie verlief Lobos Leben von 2016 bis heute, Anfang 2024, weiter? Ira Vaculik erzählt es gern:

Bis Lobo berührt werden konnte, hat es circa zwölf Wochen gedauert. Den Durchbruch haben Ttouches (nach Linda Tellington-Jones) gebracht, eine sanfte »Massage«, bei der Nervenbahnen stimuliert werden. Wir haben uns langsam von hinten nach vorne gearbeitet, weil eine Annäherung von vorne zunächst für ihn sehr schwierig war. Von hinten wurde sie eher geduldet.

Ein nächster Schritt, um Lobo in die Aktion zu bekommen, war eine Leckerchenspur: Ich selbst musste nach dem Auslegen der Futterbrocken den Raum verlassen, denn meine Gegenwart ließ ihn sich noch immer verweigern. Aber er schaffte es dann doch aufzustehen und holte sich den Käse. Die Zeitspannen zwischen meinem Verlassen des Raums und Lobos Aufstehen, um aktiv zu suchen, wurden hierbei immer kürzer. Bald konnte er auch seinen Radius immer selbstverständlicher erweitern, wobei wir hierbei aber wohlgemerkt von Wochen sprechen! Bis er in der Lage war, das Haus von seinem Rückzugsort bis zur Terrasse bzw. dem Garten zu durchqueren, sollte es noch etliche Monate dauern.

Da mir eine tierärztliche Einschätzung von Lobos Gesamtzustand wichtig war, ich Lobo aber natürlich nicht »einpacken« und in eine Tierarztpraxis bringen konnte, ist es mir circa fünf Monate nach seiner Ankunft endlich gelungen eine Tierärztin zu finden, die ihn bei uns zu Hause sedierte und ihn einigen grundlegenden Untersuchungen unterzogen hat. Dabei wurde u.a. Blut abgenommen, die überlangen Krallen wurden geschnitten, Zähne wurden kontrolliert und einiges mehr. Alles war so weit in Ordnung; unserem weiteren Training stand nichts im Wege.

Sieben Monate nach seiner Ankunft waren wir endlich so weit, dass Lobo sich aktiv mit Gegenständen beschäftigen mochte, die ihn interessierten und in denen Futter versteckt war. Dabei setzte er sowohl seine Nase und sein Maul als auch seine Pfoten ein. Ein Schnüffelteppich hat uns hier gute Dienste geleistet.

Im weiteren Verlauf wurde ihm Teilhabe immer wichtiger. So legt er sich oft in den Türrahmen, um besser beobachten zu können. Auch zieht er sich bei Annäherung nicht mehr sofort zurück, bleibt immer öfter beobachtend auch einfach mal liegen, wo er liegt.

In den folgenden Monaten stabilisierten und verfeinerten wir unsere Routinen und die Verbindung zwischen uns. Lobo nimmt mehr und mehr teil, genießt die Zuwendung und unsere Übungseinheiten, die er manchmal sogar durch Winseln einfordert. Das ist sicherlich etwas, das ich später nicht mehr verstärken und bestätigen möchte, im Moment aber ist mir alles recht, was ihn initiativ und aktiv werden lässt. Alles in allem ist er aber noch immer sehr passiv und sich öfter distanzierend, was aber in Ordnung ist.

Lobo genießt die Fellpflege; ich kontrolliere Augen, Ohren, Zähne, schneide Krallen (die er sich ja noch immer nicht abläuft). Er reagiert auf seinen Namen, trägt ein Halsband und anfangs auch ein Brustgeschirr, welches wir aber später weglassen, als sich herausstellt, dass er früher offenbar einen Bruch des Brustbeins erlitten hat. An der Leine läuft er zu dem Zeitpunkt noch nicht. Das wird unsere nächste Aufgabe, die uns weitere sechs Wochen in Anspruch nehmen wird. Dann aber folgt er mir an der Leine durchs Haus und wir erobern einen Raum nach dem anderen. Und dann, wiederum eine Weile später, den Garten!

Als dieser Knoten einmal geplatzt ist, geht es eigentlich stetig bergauf. Lobo ist von Stund an stubenrein, liegt mal hier, mal da, aber meist irgendwo in der Nähe. Er kann mit der Zeit auch mittendrin gut entspannen. In solchen Momenten sinkt seine Atemfrequenz auf 14 Atemzüge/ Minute. Bei seiner Ankunft hier und in der ersten Zeit danach waren es permanent etwa 100!

Bis heute trinkt Lobo nicht aus Schüsseln und nicht im Haus, er braucht draußen flache Schalen. Ebenso frisst er kaum bis gar nicht aus Schüsseln oder aus Tellern, meidet Metall, Porzellan, Glas. Er war immer mäkelig und zu dünn. Es hat ein Weilchen gedauert, bis ich dahinterkam, dass eine Silikonmatte mit Rand für ihn der ideale Fressplatz ist! Seitdem ist auch dieser Knoten geplatzt – und er ist rund und wohlgenährt und genießt seine Mahlzeiten.

Er geht mit spazieren und läuft inzwischen auch frei. Sollte ihn etwas beunruhigen, bleibt er entweder dicht bei mir oder er bleibt stehen, wo er eben steht, und lässt sich von mir abholen. Er hat noch nie Ansätze von Weglaufen gezeigt. Natürlich ist er kein Hund für Stadtgänge oder Ähnliches – und eigentlich bleibt er am liebsten auch zu Hause und im Garten, wo er sich sicher fühlt.

Nach schätzungsweise zwei Jahren bei uns zu Hause ist er ein »fast normaler« Hund geworden. Er nimmt an unserem Alltag teil, spielt mit seinen Kumpels, springt selbst ins Auto, geht spazieren. Eine Zahnsanierung beim Tierarzt haben wir gut vorbereitet und erfolgreich hinter uns gebracht. Es hat weitere zwei Jahre gedauert, bis er sich auch von Besuchern mal hat anfassen lassen. Heute aber kommt er zum Begrüßen oft dazu und möchte beachtet und gestreichelt werden. Den immer wieder temporär bei uns untergebrachten Pflegehunden ist er ein wunderbarer »Onkel«, freundlich, aber klare Grenzen setzend, von allen respektiert und hochgeschätzt.

Trotz alldem wird Lobo niemals ein ganz »normaler« Hund werden. Er wäre als Familienhund völlig ungeeignet, da er noch immer Momente hat, in denen er knurrt, sich zurückzieht, mir ausweicht. Er führt bei uns ein relativ selbstständiges, wenig reglementiertes Leben, hat ein paar wenige Wortsignale und Sichtzeichen gelernt, die er gut befolgt. Bei uns hat er sich ziemlich nahtlos angepasst und läuft in der heimischen Hundegruppe von jeher völlig problemlos mit. Rückblickend und viele weitere Pflegehunde später, würde ich ihn noch immer als meinen »toughest case« bezeichnen – immerhin hat er es in diverse deutsch- und englischsprachige Angsthundeliteratur geschafft. Für manche Zwischenschritte würde ich heute wahrscheinlich weniger Zeit und »Hirnschmalz« benötigen und etwas schneller vorankommen. Nichtsdestotrotz denke ich, dass es für ihn und uns damals genau richtig war. Seine Entwicklung scheint das zu bestätigen, ist er doch inzwischen ein 13 Jahre alter, fast normaler Hund mit gewissen Besonderheiten und Ansprüchen.

Ira Vaculik
dogopedia

31 Forschung und Wissenschaft weisen neue Wege

Viele Tierheimleitungen sind sehr bemüht, Angst- und Stressauslöser zu minimieren und ihren Tierheimbewohnern den nicht immer leichten Alltag im Heim angenehmer zu gestalten. »Eine fremde Umgebung, viele Artgenossen, damit verbunden ein sehr hoher Lärmpegel, neue Gerüche, ein neuer Tagesablauf, ein Leben im Zwinger und fremde Menschen ...«, so beschreibt Sandra Kadlik (2011) die Situation eines Tierheimhundes. Und bis auf das Leben im Zwinger (obwohl von einem Freiheit gewohnten Streunerhund die menschliche Behausung durchaus auch als solcher empfunden werden kann) und die Anwesenheit vieler Artgenossen (wobei die Anwesenheit vieler Vertreter der Spezies Mensch auch nicht gleichbedeutend einfacher ist), ist die Beschreibung des neuen Lebensraumes auch für einen übernommenen

Zwischen Mensch und Hund, speziell Kind und Hund, gibt es leicht Missverständnisse. Das Kind möchte dem Hund seine Zuneigung zeigen und ihn streicheln, der Hund signalisiert aber körpersprachlich deutlich, dass ihm diese Annäherung von oben nicht geheuer und unangenehm ist.

»Second-Hand«- und/oder Tierschutzhund vergleichbar. Die unbekannte Vorgeschichte erschwert nicht nur die Weitergabe des Hundes in ein neues Zuhause, sondern generell den Umgang mit ihm. Leicht stellen sich Umgangsformen und Begegnungsriten ein, die dem Vierbeiner nicht guttun, ihn verunsichern und den Menschen als etwas Furcht auslösendes darstellen, was natürlich in der Konsequenz den Umgang und die Weitervermittlung zusätzlich erschwert. Ein fataler Kreislauf.

Trotz der Unschärfe erkennt man bei diesem Foto leicht, dass die unmittelbare Nähe und der zwar freundliche, aber sehr direkte Blick der Frau beim Schäferhund Unbehagen auslösen. Der gesamte Körper des Hundes weicht zurück, die Ohren sind abgedreht und Beschwichtigungssignale, hier licking intentions, werden gezeigt.

Auch wenn die Rahmenbedingungen eines Tierheims viele gute Ideen und Ansätze verhindern bis zunichtemachen, versuchen bemühte Leitungen und Mitarbeiter doch immer wieder neue Wege zu finden und diese zum Wohl der Heimbewohner auszuprobieren und zu beschreiten, so zum Beispiel das Tierheim Dortmund, welches mittels sanfter Klänge versucht, den gestressten und verunsicherten Hundeseelen etwas Ruhe und Entspannung zu ermöglichen. Den Anstoß für den Einsatz von Musik und Duftstoffen im Hundebereich des Dortmunder Tierheims gab die Diplomarbeit »Hundehaltung in österreichischen Tierheimen« von Sandra Kadlik:

Es ist bekannt, dass Musik einen Effekt auf den Gemütszustand des Menschen hat, dieser wurde ebenso beim Hund festgestellt. Während Rock und Metal Musik einen erregenden Effekt haben, dient klassische Musik der Entspannung und Beruhigung.
(Kadlik, 2011, S. 18).

»Da auch wir das in der Studie geschilderte Stressverhalten bei unseren Tierheimhunden beobachten können, haben wir die Anregung zum Einsatz von Musik & Duft aufgegriffen. Hinsichtlich der musikalischen Beschallung greifen wir auf die CD-Reihe und das (englischsprachige) Begleitbuch des in der Studie genannten Joshua Leeds, *Through A Dog's Ear* zurück. Für den Dufteinsatz haben wir eine mit uns zusammenarbeitende Tierheiltherapeutin gebeten, ein kurzes Konzept zu entwickeln und die erforderlichen Geräte und Materialien für uns zu beschaffen. So werden bei uns aufgrund dieser Empfehlung nicht die in der Studie genannten Duftrichtungen (Lavendel, Kamille), sondern der Duftstoff »Sandelholz« eingesetzt. Seit Anfang Dezember setzen wir Musik und Aroma in unserem Hundebereich ein. Die Musik und die Beduftung erfolgt dazu in den Hundehäusern, in denen jeweils fünf bis 15 Hunde innerhalb eines Raumes in durch Metalltrennwänden/-gittern abgeteilten Innenboxen untergebracht sind.

Dies passiert jeweils nach der Fütterung, kurz vor Betriebsende des Tierheims zwischen 15.00 bis 17.00 Uhr für etwa eine Stunde (Musik) beziehungsweise 30 Minuten (Aroma). Dabei wird darauf geachtet, jeden Bereich wöchentlich nur ein- bis zweimal zu beschallen/beduften, um den beschriebenen Gewöhnungseffekt zu minimieren. Unsere Erfahrungen stützen sich auf die Beobachtungen der Tierpfleger während und nach der Therapieanwendung: Sie schildern allgemein einen verringerten Geräuschpegel bald nach dem Beginn der Maßnahme als auch am folgenden Morgen, wenn die Arbeit im TH wieder aufgenommen wird. Sie beobachten ein deutlich entspannteres Verhalten, insbesondere sehr sensibler Hunde, die ansonsten beschwichtigend beziehungsweise zurückweichend auf menschliche Kontakte reagiert haben. Dabei ist zu betonen, dass diese Veränderungen schwer messbar sind: Zum einen unterliegt der Bestand in unserem Tierheim einer ständigen Fluktuation, zum anderen muss hervorgehoben werden, dass weder Musik noch Aroma aus einem aufgedrehten, aktiven Hund binnen Minuten einen »entspannten Körbchenlieger« macht. Die Veränderungen sind also eher graduell als umfassend oder sogar (verhaltens-)problemlösend.

Nichtsdestotrotz sehen wir den Einsatz von Musik und Duft als kleinen und relativ preiswerten Baustein, um unseren Hunden die zweifelsohne dauerhaft kaum artgerecht zu gestaltende Tierheimunterbringung ein wenig einfacher und angenehmer zu gestalten.«
(Peter Hobrecht, Leiter Tierschutzzentrum Dortmund, März 2016)

Anmerkung: Das angesprochene Buch gibt es auch in deutscher Sprache, siehe Literaturempfehlungen.

Danksagung

Unser besonderer Dank gilt den Hundebesitzern, die uns ihre persönlichen Erfahrungen geschildert und sie diesem Buch in Form der Fallbeispiele beigesteuert haben. Sie haben uns damit Farbe und Schattierungen ins Schwarz-Weiß gebracht und demonstriert, wie facettenreich das Thema Angst ist:

Barbara Dehn,
www.hundeschule-dehn.de

Maren Reese

Susanne Schnell

Sandra Tschorny

Ira Vaculik, Dogopedia Hundezentrum,
www.dogopedia.de

Thekla Weber, SOS-Schäferhundhilfe e.V.

Sabine Wöhner,
www.justfordogs.de

Weiter danken wir zudem dem Schreib- und Rechercheteam von Udo Gansloßer für die wiederum gewohnt gute Unterstützung, diesmal insbesondere Johanna Veres und Nuria Waslander. Ebenso wichtig ist die stets diskussions- und unterstützungsbereite Forschungsgruppe der Mammalia AG.

Herzlichen Danke an Julia Hanke (nutricanis), PD Dr. Stefanie Riemer, Jenny Silbermann und Ralph Rückert für ihre Textbeiträge.

Natürlich gibt es auch ein dickes Dankeschön an alle weiteren lieben Menschen, die uns, in welcher Form auch immer, bei diesem neuerlichen Buchprojekt unterstützt haben, allen voran Claudia König.

Unseren Vierbeinern danken wir hier nicht, denen geben wir lieber ein Leckerchen. Wir sind sicher, das schätzen sie mehr.

Die Normalität ist eine gepflasterte Straße:
Man kann gut darauf gehen – doch es wachsen keine Blumen auf ihr.
VINCENT VAN GOGH

Quellen und Literaturempfehlungen

Beerda, B. et al.: Behavioural, saliva cortisol and heart rate responses to different types of stimuli in dogs. Appl. Anim. Behav. Sci. 58, 365-381. 1998

Bloch, Günther (2004): Der Wolf im Hundepelz, Kosmos Verlag, Stuttgart

Bloch, Günther & Elli Radinger (2016): Der Mensch-Hund-Code. Kosmos Verlag, Stuttgart

Borgmann, M. (2021): Reizüberflutung als Trainings Methode beim Haushund (Canis lupus familiaris). Auswertung eines Fragebogens Bachelorarbeit Combined Studies Universität Vechta

Brown, R.P. & P.L. Gerbarg (2001): Herbs and Nutriments in the Treatment of Depression, Anxiety, Insomnia, Migraine, and Obesity. J. Psychiaty Pract. 7, 75-91

Chandhary T. (2021): Canine stress response, Masterarbeit Swed. University of Agricultural Sciences Uppsala

Chen, Q. et al (2023): Structural connectome alterations in anxious dogs: a DTI-based study. Scient rep. 13:9946

Coppinger, Raymond & Feinstein, M. (2016): How dogs work. University of Chicago Press

D'Aniello, B., et al (2018): Interspecies transmission of emotional information via chemosignals: from humans to dogs (Canis lupus familiaris). Anim Cogn. 21; 67-78

Dehasse, Joel (2002): Aggressiver Hund, Edition Ratgeber Haustier

Feddersen-Petersen, Dorit Urd (2004): Hundepsychologie, Kosmos Verlag, Stuttgart

Fischer, Martin S. und Lilje, K. E. (2011): Hunde in Bewegung. Kosmos Verlag Stuttgart

Foraita, M., Howell, T., Bennett, P. (2021): Environmental influences on development of executive functions in dogs. Anim Cogn. 24; 655-675

Foyer, P., E. Wilsson, P. Jensen: Levels of maternal care in dogs affect adult offspring temperament. Scient. Reports 6, 19253. 2016

Gähwiler, S. et al (2020): Fear expressions of dogs during New Year fireworks: a video analysis. Scient rep. 10(1):16035

Gansloßer, Udo (1998): „Säugetierverhalten", Filander Verlag, Fürth

Gansloßer, Udo (Hrsg.) (2015): Kommunikation und Konfliktmanagement. Filander Verlag, Fürth

Gansloßer, Udo (Hrsg.) (2020): Verhaltensbiologie für Hundetrainer. Kosmos Verlag, Stuttgart

Gansloßer, Udo (Hrsg.) (2022): Noch normal - oder schon krank? Filander Verlag, Fürth

Gansloßer, Udo (Hrsg.) (2023): Pubertät und Sucht. Filander Verlag, Fürth

Gansloßer, Udo (Hrsg.) (2023): Verhaltensbiologie & -medizin des Hundes. Kosmos Verlag, Stuttgart.

Gansloßer, Udo & Käufer, Mechtild (2022): Und sie spielen doch! Kosmos Verlag, Stuttgart

Gansloßer, Udo & Kitchenham, Kate (2012): Forschung trifft Hund. Kosmos Verlag, Stuttgart

Gansloßer, Udo & Kitchenham, Kate (2019): Hundeforschung aktuell. Kosmos Verlag, Stuttgart

Gansloßer, Udo & Mertes, Sarah (2023): Hundherum gesund und glücklich. Müller Rüschlikon Verlag, Stuttgart

Gansloßer, Udo / Krivy, Petra (2014): Ein guter Start ins Hundeleben, Müller Rüschlikon Verlag, Stuttgart

Hargrave, C. (2022): Sound sensitivity in Dogs: protective, emotional, welfare and the human-pet bond. Companian Animal 27, 143-149

Harvey, N. et al (2016): Social rearing environment influences dog behavioral development. J Vet Behav. 16; 13-21

Hielscher, B. & N. Hoppe (2018): Hundehaltung, Bewegungsverhalten und Hyperaktivität bei Hunden. S. 35-42 in: U. Gansloßer (Hrsg.): Mach mal langsam! Filander Verlag, Fürth

Horowitz, D. F. & Mills, D. S. (eds) (2009): BSAVA Manual of Canine & Feline Behavioural Medicine. Quedgeley, Gloucester

Hüther, Gerald (1999): Biologie der Angst. Vandenhoeck & Ruprecht, Göttingen

Hydbring-Sandberg, E. et al: Physiological reactions to fear-provocation in dog. J. Endocrin. 180, 439-448. 2004

Jann G. (2018): Beethoven oder Hard Rock? Die Wirkung von Musik oder Hörbüchern, S. 29-34 in: U. Gansloßer (Hrsg.). Mach mal langsam! Filander Verlag, Fürth

Kadlik, Sandra (August 2011): Hundehaltung in österreichischen Tierheimen, Veterinärmedizinische Universität Wien

Kalin, N. H.: Neurobiologie der Angst. Spektrum der Wissenschaft 7/1993, 76-83

Kotrschal, Kurt (2024): Vorwort in: U. Gansloßer & K. Kitchenham, Beziehung - Erziehung - Bindung. Kosmos Verlag, Stuttgart

Krivy, Petra (2020): Lernen mal anders, Müller Rüschlikon Verlag, Stuttgart

Krivy, Petra (2021): Graue Schnauzen, Filander Verlag, Fürth

Krivy, Petra / Gansloßer, Udo (2021): Mein Hund hat Stress, Müller Rüschlikon Verlag, Stuttgart

Krivy, Petra / Lanzerath, Angelika (2010): Hunde verstehen, Müller Rüschlikon Verlag, Stuttgart

Lazarus, Richard S. & Folkmann, S. (1984): Stress, welfare and coping. New York

Leeds, Joshua / Wagner, Susan (2009): Mit den Ohren eines Hundes, animal Learn Verlag

Lopes Fagundes, A. et al (2018): Noise Sensitivities in Dogs: An Exploration of Signs in Dogs with and without Musculoskeletal Pain Using Qualitative Content Analysis. Front Vet Sci., 13:5:17.

Meaney, J. M.: Epigenetics and the biological definition of gene x environment interactions. Child Developm 81, 41-79. 2010

Mehl, Robert (2021): Die Psyche des Hundes. Kosmos Verlag, Stuttgart

Mendl, M., D. H.P. Burmann, E. S. Paul (2010): An evolutionary and functional frame work for the study of animal emotion and mood. Proc. Roy. Soc. B 277, 2895-2904

Michelazzi, M. et al (2015): Efficacy of L-Theanine in the treatment of noise phobias in dogs: preliminary results Vet. Ann29, 53-59

Mills, D., M. B. Dube, H. Zulch (2013): Stress and Pheromonatherapy in Small Animal Clinical Behaviour. Wiley-Blackwell, Cichester

Olsen U. (2008): Zusammenhänge zwischen Hundeverhalten und unterschiedlicher Einschränkung des Hundes durch die Leine. Diss. Veterinärmedizin FU Berlin

Pirrone, F. et al (2019): Salivary Vasopressin as A Potential Non-Invasive Biomarker of Anxiety in Dogs Diagnosed with Separation-Related Problems. Animals 2019 Nov. 26; 9(12):1033

Puurunen, J. et al (2018): Fearful dogs have increased plasma glutamine and γ-glutamyl glutamine. Scient rep. 8:15976

Rehn, T. (2013): Best of friends? Investigating the dog-human relationship. Doct. Thesis, Swedish Univ. of Agricult. Sci. Uppsala

Riemer, Stefanie (2020): Effectiveness of treatments for firework fears in dogs. Jf Vet Behav. 37, 61-70

Salonen, M. et al (2022): Personality traits associate with behavioral problems in pet dogs. Translat psychiatry. 12; 78

Sarviaho, R. et al (2019): Two novel genomic regions associated with fearfulness in dogs overlap human neuropsychiatric loci. Transl Psychiatry. 9(1):18

Sarviaho, R. et al (2020): A novel genomic region on chromosome 11 associated with fearfulness in dogs. Translat Psychiatratry 10, Article number: 169

Siniscalchi, M. et al (2022): Facial asymmetry in dogs with fear and aggressive behaviors towards humans. Sci Rep. Vol. 12; 19620

Spork, Peter: Geerbte Angst, bild der wissenschaft, 2-2016, S. 16 – 21

Storengen, L. M. & Lingaas, F. (2015): Noise sensitivity in 17 dog breeds: Prevalence, breed risk and correlation with fear in other situations. Appl Anim Behavi Sci. 171; 151-160

Strian, Friedrich (1998): Angst und Angstkrankheiten. C.H.Beck Wissen, Minden

Strodtbeck, Sophie & Gansloßer, Udo (2011): Kastration und Verhalten beim Hund. Müller Rüschlikon Verlag, Stuttgart.

Strodbeck, Sophie und Schröder, Bernd (2020): Ernährung & Verhalten beim Hund. Müller Rüschlikon Stuttgart

Tembrock, Günter (2000): Angst – Naturgeschichte eines Phänomens. Wissenschaftliche Buchgesellschaft, Darmstadt

Tiira, K. & H. Lohi (2015): Early Life Experiences and Exercise Associate with Canine Anxieties. PLoS One 10.11: e0141907

Wilson, C. et al (2022): Dogs can discriminate between human baseline and psychological stress condition odours. PLoS One 17(9): e0274143

Wormald, D. et al. (2017): Reduced heard rate variability in pet dogs affected by anxiety-related problems. Physiol. Belav. 168; 122-127

Zamansky, A. et al (2018): Effects of anxiety on canine movement in dog-robot interactions. Anim Behav Cogn. 5, 380-387

Zapata, I., Serpell, J. A., Alvarez C. E. (2016): Genetic mapping of canine fear and aggression. BMC Genomics 8:17:572

Nützliche Adressen

Hundeschule Tatzen-Treff
Petra Krivy
Zur Grube 2 • 57399 Kirchhundem
Tel. & Fax: 02764 - 7706
E-Mail: info@tatzen-treff.de
Internetseite: www.tatzen-treff.de

Tierverhaltensmedizinische Beratung
PD Dr. Udo Gansloßer
Filander Verlag
Bremer Str. 21a • 90765 Fürth
Tel.: 0911 - 7909360
E-Mail: udo@ganslosser.de
Internetseite: www.ganslosser.de

Futtermedicus
Dr. med. vet. Natalie Dillitzer
Fachtierärztin für Tierernährung und Diätetik
Amperstr. 2 b • 82275 Emmering
Te.: 08141 - 888930
E-Mail: info@futtermedicus.de
Internetseite: www.futtermedicus.de

Knauder's Best
Brigitte Knauder
Poststr. 91 • 71229 Leonberg
Tel.: 0711 - 88827869
E-Mail: shop@doggytools.de
Internetseite: www.doggytools.de

anny•x GmbH
Breitscheider Weg 117B • 40885 Ratingen
Tel.: 02102 - 7032432
www.annyx.de
www.facebook.com/annyx.de
www.instagram.com/annyx.de
www.annyx.de/shopfinder

Bildnachweis:
Sadullah Akkoyan @ pexels.com: S. 103; Silvia Amzehnhoff: S. 100; AnnyX GmbH: S. 57, 119; Stefan Bayer@pixelio.de: S. 53; ©Bonsales/stock.adobe.com: S. 18; ©celiafoto/stock.adobe.com: S. 30; ©CoreyOHara/stock.adobe.com: S. 18; Chepte Cormani@pexels.com: S. 35; Barbara Dehn: S. 81, 83, 112, 116; Simone Dunger: S. 51; Ilona Ebinal: S. 84; Florian Erb: S. 7, 28, 54, 82; ©Евгения Глинская/stock.adobe.com: S. 17; Alexas Fotos@pixabay.com: S. 134; Heike Gellisch: S. 22, 73; Dariusz Grosa@pexels.com: S. 118; Brita Günther: S. 5, 23, 32, 36, 37, 71, 76, 80, 110; Conny Hagen@fotolia.de: S. 149; Jarmoluk@pixabay.com: S. 149; kampus-production@pexels.com: S. 66; kanashi@pexels.com: S. 75; Frank Kauffeldt: S. 50, 133; Kurt Klement@pixelio.de: S. 33; Martin Knauder: S. 55, 56; Petra Krivy: S. 65, 67, 87, 90, 114, 123; Petra Krivy /KI Bing Image Creator: S. 59, 74, 85, 120, 128; ©ksuksa/stock.adobe.com: S. 31; Valerie Luther: S. 24; Peggy Marco@pixabay.com: S. 104; Stephanie Merfert: S. 125; Mr. Niceshot@pixabay.com: S. 137; Dina Nasyrova@pexels.com: S. 53; Nutranger@pixabay.com: S. 10/11; Petra Olbrich-John: S. 12, 17, 18, 48, 95; Brigitta Pertschy: S. 9; pexels@pixabay.com: S. 68, 69, 153; pham@adobe.com: S. 51; pnw-production@pexels.com: S. 117; Katharina Rauch: S. 93, 105, 106, 109; Maren Reese: S. 57, 61, 127; Dominika Roseclay@pexels.com: S. 25; Charles Roth@pexels.com: S. 52; Dana Sander: S. 60; Arno Schmitz: S. 46;Susanne Schnell: S. 39, 40, 41; Radka Schöne@pixelio.de: S. 107; Irene Sommerfeld-Stur: S. 6, 15, 20; ©Sonyachny/stock.adobe.com: S. 14; Marina Stilper: S. 44; ©Karoline Thalhofer/stock.adobe.com: S. 97; Beate Tomulla: S. 13, 16; Sandra Tschorny: S. 63, 64; Unsplash@pixabay.com: S. 77; Ira Vaculik: S. 3, 8, 19, 43, 45, 47, 96, 98, 102, 124, 128, 132, 138, 139, 140, 141, 142, 143, 144, 145, 146, 147, 148, 150; Margit Völtz@pixelio.de. S. 31; Dajana Wagner: S. 21, 27; Kay Weder: S. 75, 89, 101, 113, 131; Thekla Weber: S. 121, 122, 123; Windrose@pixelio.de: S. 68; Sabine Wöhner: S. 129, 130; Marc Udo Wrage@pixelio.de: S. 41; ©Yulia/stock.adobe.com: S. 17; Kerstin Ziebandt@pixelio.de: S. 29; 825545@pixabay.com: S. 135

VON TIERÄRZTEN*INNEN ENTWICKELT
DEVELOPED BY VETS
GUTSCHEIN
Mit diesem Code erhältst du 20 % Rabatt* auf deinen Einkauf:
WILLKOMMEN24
Genau mein Bedarf!
ARFEN | KOCHEN | REZEPTE
RNÄHRUNGSBERATUNG
*Gilt einmalig für den Wareneinkauf bei www.futtermedicus.de Nur für Neukunden u. nur einmal pro Haushalt einlösbar. Keine Barauszahlung möglich. Nicht auf Bücher. Gültig bis 31.12.25
ualität & Wissen im Napf
ww.futtermedicus.de
FUTTERMEDICUS

IHR HUND IST EINZIGARTIG. WIR VERSICHERN IHN AUCH SO.
#MachenWirGern
Rufen Sie uns an oder schreiben Sie uns per E-Mail oder WhatsApp:
Barmenia Servicecenter Attendorn in der Weide & Gertsos oHG
Tel.: 02722 50616
E-Mail: attendorn-ohg@barmenia.de
www.agentur.barmenia.de/attendorn-ohg
Barmenia
EINFACH. MENSCHLICH.

Weitere interessante Bücher aus dem Hundebuch-Programm

Petra Krivy / Udo Gansloßer

Mein Hund hat Stress

128 Seiten, 80 Bilder
ISBN 978-3-275-02200-7
€ 14,95 / € (A) 15,40

Petra Krivy / Udo Gansloßer

Mein Hund – dominant und ungebunden

128 Seiten, 40 Bilder
ISBN 978-3-275-02138-3
€ 14,95 / € (A) 15,40

Petra Krivy / Udo Gansloßer

Mein Hund zeigt Aggressionen

128 Seiten, 81 Bilder
ISBN 978-3-275-02101-7
€ 14,95 / € (A) 15,40

Udo Gansloßer / Petra Krivy

Ein guter Start ins Hundeleben

Der verhaltensbiologische Ratgeber für Züchter und Welpenbesitzer
224 Seiten, 165 Bilder
ISBN 978-3-275-01995-3
€ 24,90 / € (A) 25,60

Petra Krivy

Lernen – mal anders

Neue und kreative Ideen für das Hundetraining
96 Seiten, 80 Bilder
ISBN 978-3-275-02140-6
€ 11,95 / € (A) 12,40

Petra Krivy

Ein Hund und 1000 Fragen

Basics für frischgebackene Hundehalter
160 Seiten, 100 Bilder
ISBN 978-3-275-02244-1
€ 19,95 / € (A) 20,60

Änderungen in Preis und Lieferfähigkeit vorbehalten.

Überall, wo es Bücher gibt, oder unter
www.mueller-rueschlikon.de
Service-Hotline: 0711 / 78 99 21 51